# 中国新景观

湖湾海岸住宅　山体坡地住宅　花园住宅

《设计家》 编

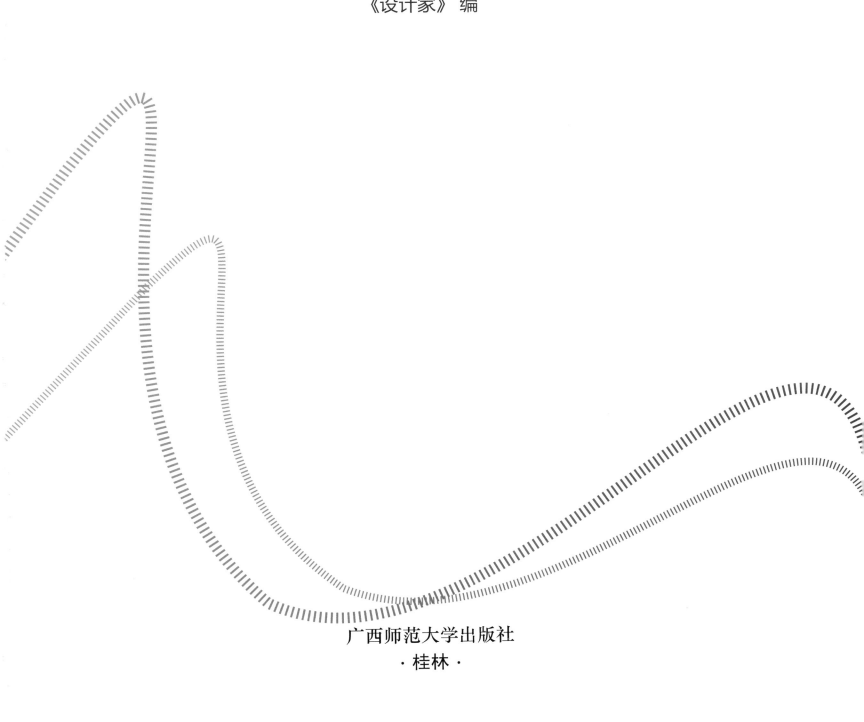

广西师范大学出版社
·桂林·

**图书在版编目(CIP)数据**

中国新景观/《设计家》编. —桂林:广西师范大学出
版社,2014.5
ISBN 978 - 7 - 5495 - 3936 - 9

Ⅰ. ①中… Ⅱ. ①设… Ⅲ. ①景观设计-作品集-中
国-现代 Ⅳ. ①TU986.2

中国版本图书馆 CIP 数据核字(2013)第 138446 号

出 品 人:刘广汉
责任编辑:王晨晖
装帧设计:宣  文
广西师范大学出版社出版发行

( 广西桂林市中华路22号      邮政编码:541001 )
( 网址:http://www.bbtpress.com )
出版人:何林夏
全国新华书店经销
销售热线:021 - 31260822 - 882/883
上海锦良印刷厂印刷
(上海市普陀区真南路2548号6号楼   邮政编码:200331)
开本:646mm×960mm      1/8
印张:107          字数:35 千字
2014 年 5 月第 1 版     2014 年 5 月第 1 次印刷
定价:898.00 元(全 3 册)

如发现印装质量问题,影响阅读,请与印刷单位联系调换。
( 电话:021 - 56519605 )

# 序 言

　　《中国新景观》收录了在中国各区域最新的100多个景观项目。按照功能分为三个部分：城市设计及滨水景观，住宅，旅游度假及酒店、商业综合体、办公、文教。这些项目的设计者不仅局限于中国国内，还有来自全世界不同区域的景观设计公司和设计师，如ATKINS、SASAKI、荷兰NITA、广州土人景观公司、北京土人景观公司、澳大利亚TRACT景观公司、美国的TOM LEADER景观设计、毕璐德景观设计、张唐景观设计、诺风景观、AECOM、泽碧克建筑设计事务所、安道国际、美国佰佛景观、三境四合、澳斯派克景观、东大景观、普梵思洛、日兴设计、水石国际、何小强景观设计、广州山水比德景观等，由此造就出了一本不论在内容还是在风格上都很丰富的景观书籍，并且呈现出不同地域和文化背景下的设计师在景观设计领域的最新探索成果。

　　本册是专门介绍城市设计及滨水景观和公共空间设计方面的精品集。城市设计与滨水景观都是比较大型的工程，从城市的整体规划到滨江海岸的恢弘工程的设计，体现出当代国内滨水景观的发展进度和水平。公共空间从公园、城市广场、交通道路、公共交通站全方位地介绍了当代公共空间的特色及功能。每个项目都有详细的工程分析图和全景图，直观全面地向读者和设计师介绍了项目的精华，再配上详细的文字介绍使得内容重点更加突出。

　　本书在呈现设计师们优秀作品的同时，还对项目主创设计师和设计公司代表作了专门的采访，通过与设计师的对话，让读者了解设计师在行业里的成长过程及作品背后的创作主张和核心思想，对于读者和设计师有着更深远的设计思想观和价值观的指导意义。

# CONTENTS
# 目录

RESIDENCE
# 住宅

RESIDENCE BY LAKE AND SEASIDE
## 湖湾海岸住宅

# RESIDENCE NEAR MOUNTAIN AND SLOPS
# 山体坡地住宅

# GARDEN RESIDENCE

# 花园住宅

RESIDENCE

# 住宅

RESIDENCE BY LAKE AND SEASIDE

## 湖湾海岸住宅

# THE BAY
# 涵璧湾

项目地点：上海市

建成时间：2010—2014年

项目面积：140 000平方米

设计公司：SWA GROUP

设计团队：SCOTT SLANEY、MINHUI LI、KINDER BAUMGARDNER、PEIWEN YU

### 保有原生态景观，坚守生态居住理念

涵璧湾，位于上海青浦淀山湖畔之西岑，总占地约80万平方米，独享40万平方米自然湖泊白鹭湖，一半为水，一半为陆，环湖的13个自然岛屿各具特色，又浑然一体；保有原生态景观，坚守生态居住理念，依环湖13个自然岛而建，别墅户户临水。涵璧湾水系规划特点是"路上有桥，桥下流水，水边有宅"。绿化设计强调私密、高雅、健康，力求"美丽的大自然与人工景观的完美结合"，超越一般特色住宅区绿化景观设计的现有模式。每年的秋冬季，湖面上有成千的珍稀动物白鹭等候鸟栖息觅食。进入涵璧湾旧枕木和鹅卵石构建的围墙入口，婉约的竹林峡谷曲径通幽，樱、桃、柳、枫、香樟等乔木环绕建筑，四季有花，常年有绿。在建筑外观上，以中国江南传统风格为基调，不过分彰显建筑形象，而是隐于环境之中，黑、白、灰三色的运用为建筑平添了一份深沉静穆的隐逸之美。通过内院、连廊等设计，扩大景观面，将风景最大限度地引入室内，营造出富有现代感的高品质生活空间。

# XINDA SOUTH TOWN
# 信达南郡

业主名称：嘉兴市信达南郡置业有限公司

项目时间：2009年

建成时间：在建

项目性质：居住地产

项目占地面积：113 908平方米

景观占地面积：75 390平方米

设计单位：水石国际

嘉兴信达南郡住宅小区位于浙江省嘉兴市南湖之滨的余新镇镇区（目前嘉兴市唯一的省级生态示范镇）。周边自然条件宜人，水陆交通便利，适宜城镇居民生活居住。

景观设计特色：

考虑到信达南郡项目的用地性质为住宅区域，物业类型由会所、双拼别墅、联排别墅、多层住宅、高层住宅等五类组成，在具体方案设计过程中，依据建筑布局特点，通过景观规划形成特色卖点，主要进行下面几方面的考量：

1.建筑类型多样，低层范围内间距较小。利用分层种植，弱化建筑体量，创造舒适的景观体验，提升社区整体品质。

2.地面停车数量众多，交通及视线上易有杂乱感。通过对停车位置的调整和乔、灌的整体配置设计，增加视线绿面，形成完整舒适的景观界面。

3.建筑单体宅间距离小，室内和道路之间有较大的高差，访客停车位及组团道路的规划宽度（4.0米，回车距离不够）相对局促。精细的宅间设计，努力实现道路场地化，借用场地收放满足各项功能要求，同时赋予街道空间表情，丰富生活情趣。

4.产品定位较高，投资与效果的平衡。通过整体上空间格局的设计，构建基本景观框架，充分营造现代简约的欧陆风情；结合具有特色的建筑元素、装饰小品、植物等，实现投资与效果的平衡；加强对草坪、水体的面积比例、软硬地比例以及地形进行设计，来有效地节约预算。强调以绿化为主，重视绿化对空间的重塑；充分利用北侧水系，打造南北景观水轴；用景观手法创造、整合别墅区公共及邻里空间；强调设计对土地价值的发掘和创造，提供满足各类需求的使用空间。

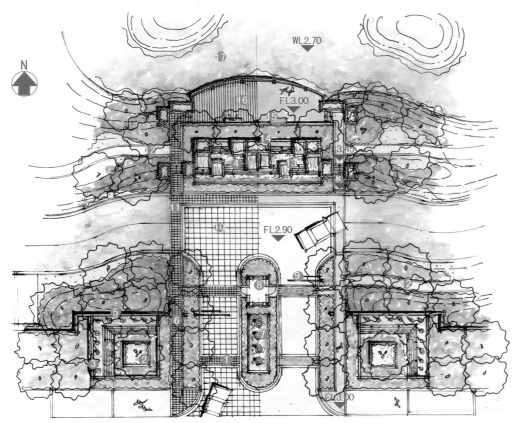

1. 减速带（深灰色弹石）
2. 水中种植池（暖灰色花岗岩贴面）
3. 涌泉
4. 跌水（黑色花岗岩贴面）
5. 特色景墙
6. 人行步道（带门禁功能）
7. 陶罐吐水
8. 岗亭
9. 车行匝道
10. 米色花岗岩贴面
11. 暖灰色花岗岩贴面
12. 步行园路
13. 石头吐水（自然面黄锈石贴面）
14. 石头种植槽（自然面黄锈石贴面）
15. 休闲坐凳
16. 观赏平台
17. 景观水面

南入口方案一

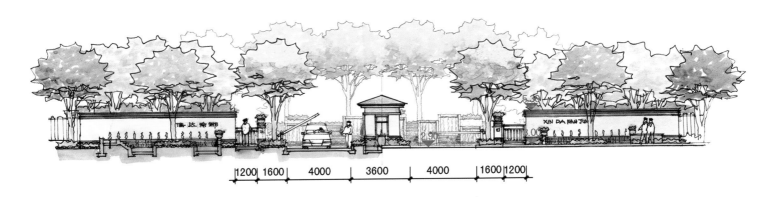

南入口剖面图

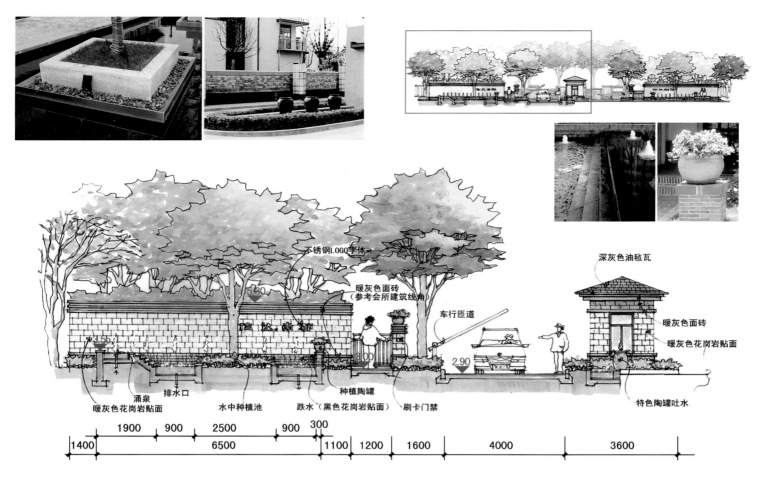

不锈钢LOGO字体

暖灰色面砖
（参考会所建筑线角）

深灰色油毡瓦

车行匝道

暖灰色面砖

暖灰色花岗岩贴面

涌泉

排水口

水中种植池

种植陶罐

跌水（黑色花岗岩贴面）

刷卡门禁

特色陶罐吐水

暖灰色花岗岩贴面

| 1900 | 900 | 2500 | 900 | 300 |
| 1400 | 6500 | | | | 1100 | 1200 | 1600 | 4000 | 3600 |

节点剖立面放大图

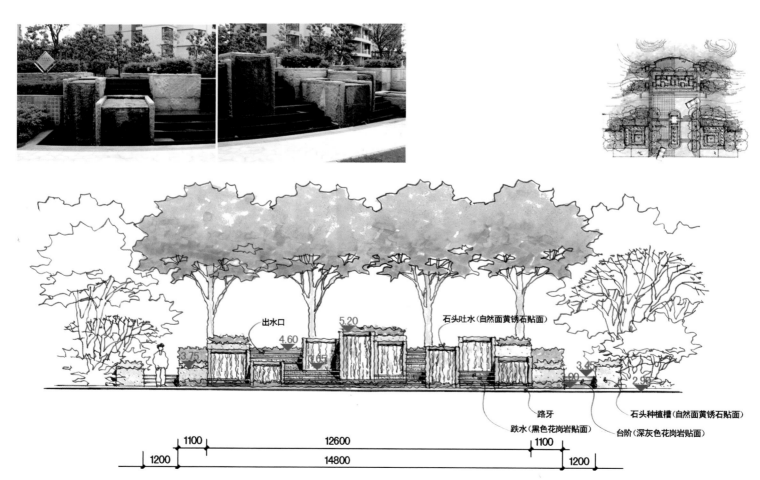

出水口

石头吐水（自然面黄锈石贴面）

路牙

跌水（黑色花岗岩贴面）

石头种植槽（自然面黄锈石贴面）

台阶（深灰色花岗岩贴面）

| 1100 | 12600 | 1100 |
| 1200 | 14800 | 1200 |

特色水景立面图

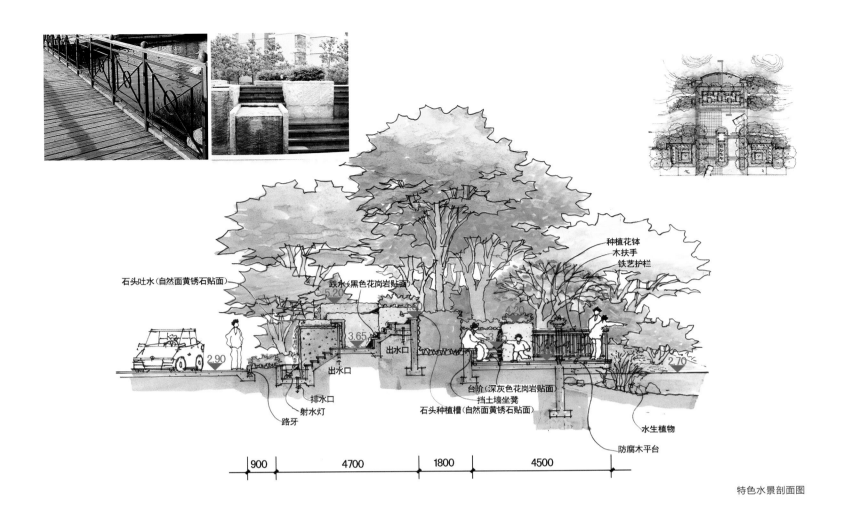

石头吐水（自然面黄锈石贴面）

跌水（黑色花岗岩贴面）

5.20

4.60

4.20

种植花钵
木扶手
铁艺护栏

3.65

3.5

出水口

2.90

出水口

2.70

排水口

射水灯

路牙

台阶（深灰色花岗岩贴面）

挡土墙坐凳

石头种植槽（自然面黄锈石贴面）

水生植物

防腐木平台

| 900 | 4700 | 1800 | 4500 |

特色水景剖面图

# CITIC HUIZHOU WATERFRONT CITY ‖
## 中信惠州水岸城二期

业主名字：中信惠州城市建设开发有限公司
设计时间：2011年
建成时间：2013年
项目面积：74 336平方米
设计单位：奥雅设计集团

中信惠州水岸城项目景观设计从创造高端品质的生活社区出发，恢复和挖掘"水岸"名称中所代表的良好生态环境的意义，将时尚艺术与日常生活融汇在这个社区生态环境里，诠释住区的人文气质、写意质感和精神内涵，营造出自然、淡雅的空间感受、高品位的审美意趣和理想的居住环境。该设计效果突出，受到中信地产的高度认可，奥雅设计集团因为该项目的出色表现，被评为中信地产2012年优秀合作伙伴。

设计手法采用自然与现代结合，丰富的道路曲线、功能广场与开阔的花园相结合，诠释景观环境的内涵和意境。主入口运用丰富硬朗的细节元素，直线、弧线、简洁几何形体有机穿插，构成现代时尚、尊贵大气的空间感；水系景观设计以自然生态手法为主，点缀现代元素，营造多样的临水空间和高品质的水岸景观；园区设计横向为曲线轴，动感而有节奏地划分景观空间，雅致而有序列地丰富景观层次，构成富有韵律动态美感的景观空间。

景观的构架延续建筑的布局形成带状的景观空间。别墅区设计成环水的"半岛花园"，因地制宜地彰显了别墅区的尊贵，半岛以北为"绿荫花园"，动感的曲线道路，结合微地形与功能空间相关联。同时将人防出入口巧妙地与设计结合形成景观两点，配置丰富而有层次的植物，创造一个"运动休闲"的理想去处。半岛以南为"水岸花园"，功能空间与水体结合设计，水系依地势叠起，接展示区，连游泳池，临架空层，通过"桥"、"亲水平台"、"栈道"等形式将园区融合。各类型的波岸景观及丰富的水系景观，装点园区，构成一个"生态休闲"的美好天地。

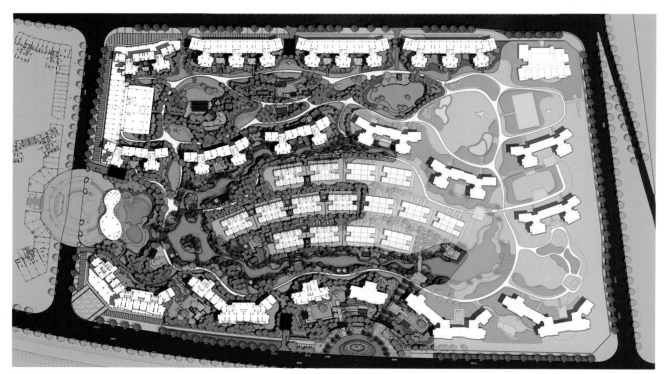

总平面图

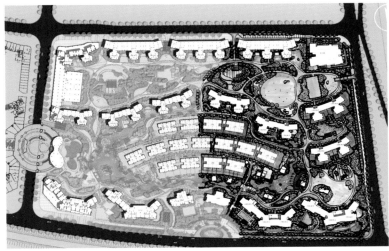

总平面图2

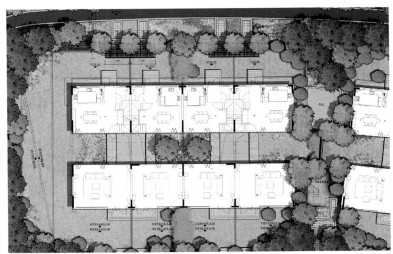

别墅区平面图

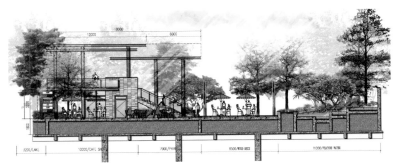

咖啡厅剖面

别墅小区剖面

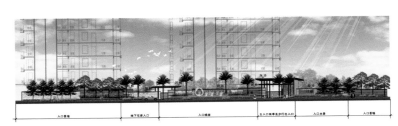

小区入口立面图

展示区水景立面图

小区入口效果图

展示区水景效果图

楼王四季花园效果图

晨练广场效果图

运动娱乐区效果图

景观湖区效果图

# HAIHANG CHENGDU CHANSON TOWN

## 海航成都香颂湖国际社区

项目地点：四川成都都江堰
建成时间：2012年
项目面积：600 000平方米
设计公司：LANDAU朗道国际设计

### 项目说明

　　"资源共享最大化"是香颂湖国际社区进行园林规划和景观设计的一个重要原则。沿中央公园，湖区最美丽的景观主轴完全以开放空间理念进行设计。开放空间理念就是在社区中规划大量的公共绿地、公共设施等公共空间，以形成人们户外交流的集合场所，促进社区内部的交流和融合，使社区不仅仅是"无数个家"的物理集合，而且是人们公共生活的一个"大家庭"。在香颂湖，大面积的滨水公共绿地完全对社区居民开放，成为社区内的"公园"。

### 景观设计目的

　　托斯卡纳是意大利的一个大区，位于意大利中西部，以美丽的风景和丰富的艺术遗产而著称。香颂湖别墅的设计就采用了地中海式风格中最具代表性的托斯卡纳风格——原生态的建材、古老的装饰、奇刻的细节刻画，营造出粗犷坚硬的野性之美；红瓦坡屋顶、精致的线角、浪漫的铁艺等元素则是纯正的意大利格调。因此，环境景观设计营造出一种阳光灿烂，既雍容典雅又不失自然亲切之美的风情小镇风格。它代表了一种阳光、悠扬、亲近自然的小镇生活方式。居住区景观设计的目的就是通过确定一个社区的活动与目标的总体空间布局，使其具有吸引力并使人感到赏心悦目。

　　在香颂湖国际社区景观设计中，首先，在吸引力上，设计师以研究居民的日常行为和生活体验为第一要务。从入口人车分流的管理、道路尺度的控制，到活动场地的安排，始终坚持功能优先，以促进住户的交往活动。另外，设计师也在坚持着景观美学的追求，从概念到细节，从材料到色彩，努力体现着托斯卡纳风格生态、粗犷的特点。环境景观的品质提升了使用者获得的美感和舒适度，在潜移默化间改变和影响着居民的生活。

　　为了体现托斯卡纳风格氛围，设计采用天然材料，如石头、木头和灰泥来表现景观的肌理。在一些小品设计上，采用了一些地中海的构成元素，让人感受着浓郁的地中海风情。

# DONGGUAN GEMDALE THE LUXURY NATURE

# 东莞金地湖山大境

项目名称：东莞金地湖山大境
项目地点：广东省东莞市黄江镇三新村
设计时间：2011年
建成时间：在建
项目面积：240 000平方米
设计单位：杭州安道建筑规划设计咨询有限公司
主设计师：夏芬芬

金地湖山大境地处深圳、东莞双城中心，交通四通八达，西距广州80公里、南至香港60公里。莞深高速10分钟内往来松山湖、观澜高尔夫。未来R1、R4轻轨将连接莞深，25分钟到达深圳CBD，加上深莞一体化进程加速，深圳、东莞、惠州将三市同城，城界概念的逐渐模糊极可能带来生活方式的变革。

项目定位为面向深圳及东莞这两座世界级大都市高端客户的休闲度假别墅级大盘。规划有铂金五星级酒店、私家山体森林公园、水岸休闲会所、风情精品商业街、环湖独栋及联排别墅、豪华奢享型洋房等。山湖私境，别墅大城，华南首席生态度假物业，将引领中国人居生活进入在家度假的时代。

基于金地湖山大境项目特殊的地理位置和开发意愿，在与国际联合设计团队共同工作的初始阶段，安道国际的建筑师与景观设计师放弃了传统意义上"远郊社区"的基本套路，转而研究能与两座近邻城市快速互通同时又保持度假品质的新型社区设计：它既能便捷地连接都市CBD，又能卸下喧嚣，留住一份度假般的轻松和平静，使它无论作为第一居所或是第二居所，都非常有吸引力。

度假的惊喜在于邂逅一种理想的优质生活，而设计则是它重要的实现途径。在本案中，设计师力图挖掘场地丰富的景观元素：与中国南方很多滨海楼盘不同，它以纯天然的山湖为依托，画山为疆，揽湖为境，用品质的营造挽留转瞬即逝的时光。"海"带来的是跃动，而"湖"传递的却是静谧，它与富有阶层所向往的隐逸气质不谋而合。

从设计手法上看，本案突破传统度假模式，以度假复合社区

的功能构架为基础，结合简约的法式风格，通过规划、景观、建筑与自然的融合，实现生态资源的共享。规划设计充分利用地势的高差，引山林活水入园，以景观游泳池、坡地水景和国内最大住宅瀑布的形式将私家庭院的功能酒店化，扩充湖岸花园和私家庭院的功能，使每一户的私家庭院都能够直接临湖。无论是别墅的地下室、一层南向的露台、270°环绕的前庭后院、还是三层超大的屋顶花园，都巧妙运用了"对景"、"借景"、"障景"等手法，突出环境与建筑的渗透性，带来宁静、闲适的度假感受。

金地湖山大境力图实现真正的常住型度假复合社区。除了科学的规划和创意的设计，社区的度假品质必须通过多元素并存的复合化功能配套来提升。在社区资源的配备上，金地湖山大境多达20多种的配套设施极大地烘托了栖居氛围，满足着类型迥异的生活需求。金地与世界知名酒店希尔顿签约打造临湖五星级酒店和商业购物街，连摩纳哥王室都将其指定为国内唯一的接待酒店，并在湖山大境湖畔特设摩纳哥国家艺术馆。而800米私家林荫道、1公里长的三级循环跌水溪流、6公里环山清心栈道、壮观的丛林半山瀑布、与山林同呼吸的森林SPA、烂漫的樱花谷，以及豪华的私家游艇，则是充满东方意境的山湖风光。

诗人米尔·马斯特说："静坐而能驰骋于精神世界"。在金地湖山大境度假复合社区，来源于森林、河流、湖泊、山峦、晨雾、朝霞的灵感滋养着内心的自由，演绎着都市与度假轻松切换的惬意人生。

东莞湖山大镜-大图

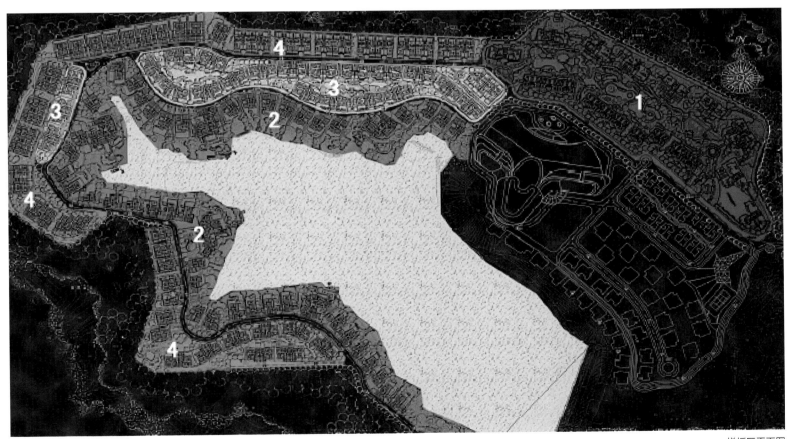

样板区平面图

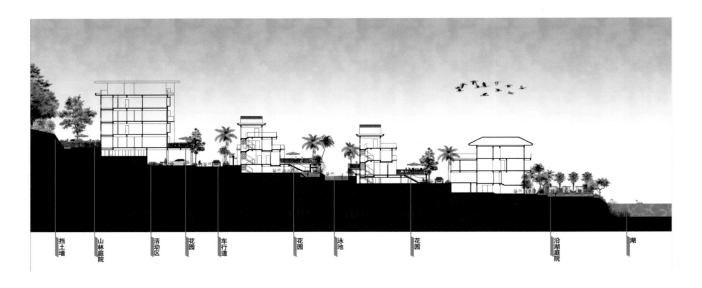

挡土墙　山林庭院　活动区　花园　车行道　花园　泳池　花园　沿湖庭院　湖

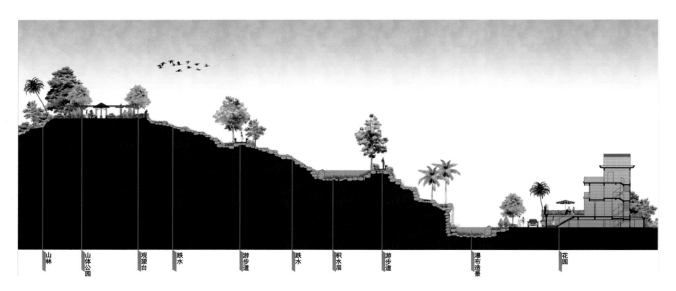

山林　山体公园　观望台　跌水　游步道　跌水　积水层　游步道　瀑布造景　花园

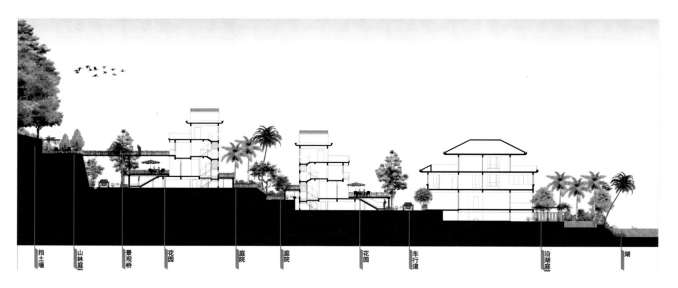

挡土墙　山林庭院　景观桥　花园　庭院　庭院　花园　车行道　沿湖庭院　湖

# FUSHUN VANKE THE PARADISE
## 抚顺万科金域蓝湾

项目地点：辽宁抚顺
完成时间：2011年6月
设计规模：378 615平方米
设计团队：SED新西林景观国际
项目风格：现代东南亚风情

SED新西林景观国际将景观定位于"现代都市下的滨湖宜居之地，造就生态核心高品质泰式风情住宅"。倾力打造以休闲度假生态为核心的高品质泰式风情社区。

### 主轴景观营造泰式禅意，感受高贵殿堂式洗礼

主轴景观布局沿中轴线展开，并通过回廊大台阶等泰式景观元素，在竖向上形成双层立体架空景观环境，架空景观中融入酒店大堂式的高尚精品格调，色彩的运用上则以宗教色彩浓郁的暖色调深色系为主，如深棕色、褐色、庙黄色及金色等，令人感觉沉稳大气，在尺度或空间上凸显气势，展现主轴景观的高贵、典雅。

### 造景手法师从自然，建筑小品精雕细琢，打造自然野趣生态景观

由南湖引水从项目用地内通过，采用明渠形式而自成峡谷景观设计在此处以植物、景示置石、泰式景观小品为主要元素，塑造自然生态环境，使住户感受到来自大自然的野趣。环境的清新，让人获得身心的健康体验。连接峡谷景观的亲子乐园是

快乐的开端，更有海盗船、人造热带雨林等景观，让人轻松一刻。湖边跑道、绿野漫步道、亲水平台等的设置强调设计以人为本的原则，体现居民的参与性和互动性。

### 组团空间组织丰盈灵动，景观倾注异域风情，诠释东南亚经典

小高层景观区内绿地面积相对较少，空间尺度小，设计师因地制宜地打造小尺度的庭院空间，营造亲切宁静、舒适自然质朴的环境。这里作为住户活动最为频繁的场所，被赋予景观的高度品质感和生活环境舒适度。超高层组团的建筑密度相对较低，设计在这里形成社区内大型集中的组团景观，景观节奏开合有度，形成有趣的韵律感，无论在空间打造还是细节装饰上的考虑都具备泰式风情自然、健康和休闲的特质，展现泰式风情的浪漫和惬意。滨湖别墅及超高层景观组团借助滨湖体育公园天然景观资源，阳光、草坪、大树、湖景、泰式小品和别墅完美融合其中，为别墅景观营造出"慵懒"惬意的慢生活节奏的休闲度假之感。

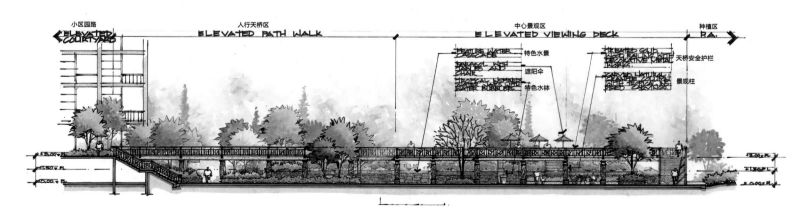

剖面图

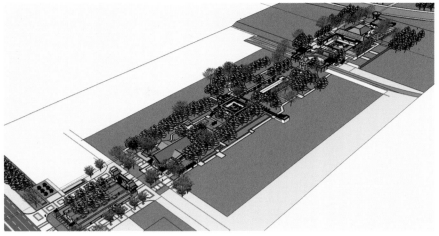

总平面图

整体鸟瞰图

# KAISA WATER BANK PALACE CHANGSHA

## 佳兆业长沙水岸新都

项目地点：湖南长沙

建成时间：2012年

用地面积：686 667平方米

总建筑面积：1 700 000平方米

景观设计：城设园林设计有限公司

### 项目信息

本项目位于长沙市长沙县跳马乡，湖南省长、株、潭三市"金三角"地理交界位置。该地有美丽的石燕湖，山水环绕，碧水如镜，遍地绿荫；又有全乡万亩花卉苗木生产市场，是湖南省远近闻名的花木之乡。用地内地势相对平缓，东北高，西南低，有内河流经，地块南侧有山丘环绕，石燕湖大道把项目分为东、西两个地块，西地块西北角有一个十几米深的由采石场遗留的深坑，是项目的主要景观可利用资源。

### 设计理念

#### 文化内涵思考

景观设计沿用西班牙建筑风格，使其在东方的土地上展现出异域风情。另外从地方特色人文习俗中挖掘思路，将环境设计加以继承和延续。设计在形式及细节上符合现代人的思维模式和审美情趣，体现住区人与自然之间关系的重新思考和定位。

#### 自然生态思考

最大限度地尊重自然生态环境，充分利用现有水体资源，并通过合理的水生植物搭配来实现景观水体的自然净化。以多层次的绿化生态环境组织人与自然、建筑与自然交融的生态空间，提倡"复层混交"的立体空间景观绿化模式，合理搭配乔木、灌木及地被植物。

#### 人本主义思考

设计针对住区不同人群设有相应的聚散活动空间，做到动静分区，配有完善的娱乐休憩设施以满足不同人的心理、生理需求。以明晰的交通流线组织空间，各景观节点均有可观性、可达性，为业主创造优越的生活环境，真正体现人与自然和谐对话、人与自然共存共处。

### 景观总体布局

生活在绿色天堂，呼吸着永远清新的空气是无数都市人的梦想。精心搭配的植物精美大气而富有创意，细致修葺的水岸新都宛如优美的伊甸园，使业主能尊享一个高雅、多彩且充满绿意的空间，远离闹市污浊的空气和喧嚣。

这个低密度的项目，提供了独一无二的环境——葱翠的绿地，两个地块都有壮观的湖水水景主题。设计合理利用现有水体，采用人工挖湖手法，创造局部地形可变化性，增添小区园林的活力，而设计将生命之源——水作为主要的设计元素，却源自不经意的创意。

西地块西北角，一个采石场留下了约10米深的坑，日久形成了深潭，水质良好，业主要求保留深潭。设计师则巧妙地把其作为生态人工湖体的水源，一条潺潺流动的小溪巧妙地将现有的深潭和人工湖水景观连为一体，成为一条水轴线，直接流向会所主园林区，水系大者辽阔、狭者萦绕，水岸线千回百转、曲折迂回、婀娜多姿，与项目西部原有之自然深潭水体连为一体，使园林总体上呈放射状布局。

而东地块高层区的一眼泉水，常年有源源不断的水源，成就了东地块的带状水体。设计以水系为景观轴线，向四周带状展开景观序列，各个景点交叉穿插，构成一幅完美的图画，做到时时处处皆有景。加之泥底的生态湖体以及水生植物的净化作用，一年后出现了天生天养的小鱼虾，颇出工程师们的意料。生态自然的水系社区不仅给周边的别墅及房屋营造了绝佳的景色，亦是整个项目丰富而和谐的园林景观的重要组成部分。

充裕的绿化带沿街边划分出了各个花园，为这片精心规划的世外桃源增添了私密尊享的氛围。这种独特的景观处理手法也强化了绿色伊甸园的概念：在一大片令人心旷神怡、放飞思绪的绿地上，保留着原生树林，流淌着潺潺清泉。

设计沿水岸布置各种景观建筑元素，如塔楼、亭子、凉棚、木平台、公园长椅、铺装广场等，景观的绿化毫不吝啬地渗透入每一个住宅组团以及散步道或小径。

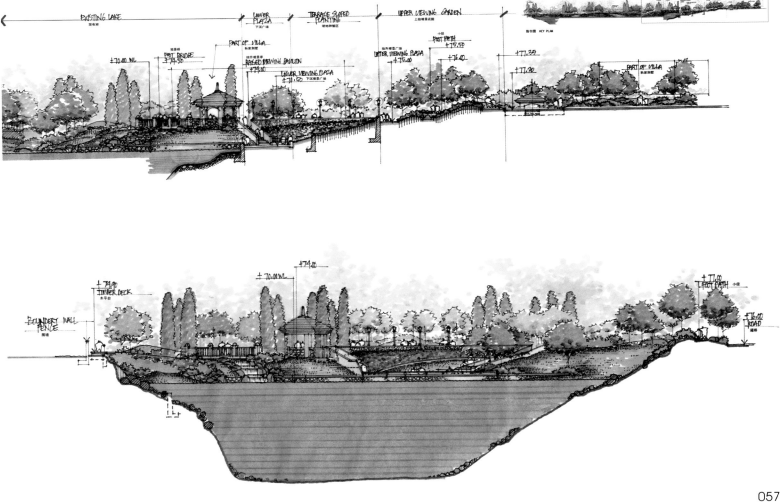

# ZHUHAI ZOBON CITY GARDEN
## 珠海中邦城市花园

项目地点：广东珠海

设计时间：2009年

完成时间：2011年

占地面积：147 653平方米

设计单位：奥雅设计集团

珠海中邦城市花园景观设计项目位于珠海市斗门区白蕉镇金碧丽江花园北侧，基地总面积为147653平方米，用地北面为天然河道，东面现状为排洪渠，河道以东为30米宽规划道路，用地南面分别与12米道路(己建)和24米道路(规划道路)相邻。用地以南现状为金碧丽江小区，东侧为几栋多层的烂尾楼，场地内现状有一木场，地势基本平坦。

### 设计理念

景观设计顺应建筑规划"群岛和螺旋"的理念，用溪流贯穿联系各大组团板块，最大限度地利用生态水资源，让每个家庭拥有一个自己的水湾。

### 设计定位

项目定位为现代自然的纯水岸花园综合性高档社区。

家园——温馨便捷

最合理的功能与流线组织，最便利的交通路线，最贴心的配套设施，为每一位使用者的生活需求作细致考虑。它提供的不仅仅是一个居所，而是一个承载幸福与希望的"心"的家园。

花园——自然健康

与自然融为一体的生活方式是人类居住的最高境界。最大限度地引入场地内河道的自然风光，结合不同区域的空间氛围创造特色鲜明的植物群落，展现四季流转的变化之美。它提供的不仅仅是视觉上的愉悦享受，更使身居其中者在绿色包围中消解身心疲惫，重获一份发自内心的宁静安和。

# TIANJIN VANTON TAIDA TOWN R5 PROJECT
# RIVER AND SEA GARDEN

# 天津万通泰达城 R5 项目（河海花园）

项目地点：天津
设计时间：2012年9月
项目现状：在建
占地面积：81 388平方米
设计单位：MCM(中国)建筑规划设计事务所

## 设计说明

万通泰达城R5项目（河海花园）是泰达集团开发建设泰达城项目的收官之作。项目位于泰达城内R5地块内，处在红桥、南开、河北区的交会处，既是天津的中心点，也是水脉、文脉、人脉、商脉的起源。项目东起子牙河南路，南至北开大街，西邻河北大街，北靠西青道延伸线，临近天津地标——天津之眼摩天轮，是天津城区内不可复制的高端水景住宅。

泰达城R5项目（河海花园）规划用地性质为居住用地。规划可用地面积8.13万平方米，地上总建筑面积222905平方米，住宅总计1802户。容积率为2.73，绿化率为40%，车位配比为1：0.98。项目由11栋高层组成，建筑层数26～33层不等。此外，还规划了面积为1438平方米的沿街2层配套商业用房，以及1个幼儿园。

在项目的景观规划设计中，MCM公司的国际设计师团队依托海河的天然景观优势，用先进的设计理念及手法，对小区内部景观园林进行了精心设计，并打造1.2万平方米中央景观，在充分考虑参与者在"游憩行为"、"景观形态"、"环境生态"三方面的不同需求的同时，营造一种以人为本、以生态为本，使人回归自然并融于自然的和谐氛围。

为建立一个可以提供更好"游憩行为"的步行化社区，区内主路宽达5米，由南往北贯穿整个社区，它被设计成几何状穿插的线形公园式景观大道，这条独特的景观大道不只为业主提供最直接快捷的交通方式，也成为一条绿意盎然、处处有景的独特风景线。节点空间沿主路布置，有晨练健身广场、老年活动广场等多种多样的户外公共空间为业主提供广阔的交流场所。

而"景观形态"设计理念是力求景观最大化，将自然还与使用者。在总面积达70000平方米的超大景观绿地面积中，用景观表现手法和混合树种的精心搭配，打造出"新城市森林"的概念，使本项目自然成为绿色宜居社区。采用五重园林种植法，用自然草坪、宿根花卉、常绿灌木、丛生花灌及高大乔木进行合理搭配，并选择合理的栽植方位，以此来构筑完美的园林立体景观，形成"虽由人作，宛自天开"的自然景色，不仅"四季常绿"，同时"三季有花"。

中国园林讲求"得水为上"。水体景观是小区灵秀之气的集中体现，不仅能满足人们的审美需求，从环境学角度看，水也可吸尘、降温、调湿、改善微生态环境，与绿地功能相似而更胜一筹。因此小区景观引入海河的景观氛围，设计了长达120多米的自然驳岸水系，这一水景体系在使社区内部的生态景观环境与海河的自然景观交相辉映的同时，也将小区的生态景观推向极致。春、夏两季有水时，老人们在水边的亭榭中打牌、下棋，小孩们在水边嬉水游戏；而清浅的水湾漂浮的睡莲，岸边轻拂的垂柳，无不使人顿感清凉和祥和。而秋、冬两季，水落石出，以天然卵石有序铺就的池体本身就是一道独特的风景。另外，在水系的源头，设计了层叠高起的喷水池，而在水系的端头，设计师独具匠心地设计了湿地风貌展示区，使水系充分地流动起来，形成"活水"，并充分发挥湿地中土壤和生物对污染物与水体的降解和净化作用，改善城市微"环境生态"。

在建筑形式上，立面形态采用简洁、明快、精细的现代风格，运用水平和垂直线条造就疏密有致的节律，再加上270°视野飘窗阳台，使住宅造型细腻，充分体现现代建筑的气息。项目凭借得天独厚的自然、人文环境，在建筑形象、居室户型和房屋功能等各方面，传承精工建筑品质，融合现代风格，尽显新派建筑的勃勃生机与魅力。

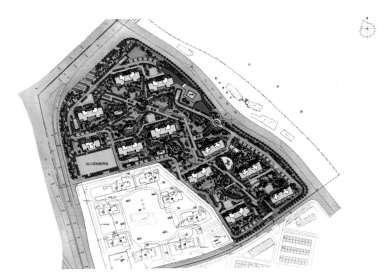

总平面图

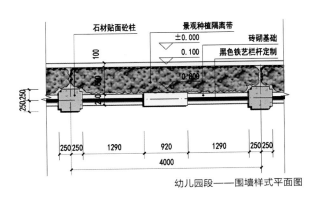

石材贴面砼柱　　景观种植隔离带
±0.000　　砖砌基础
0.100　　黑色铁艺栏杆定制

幼儿园段——围墙样式平面图

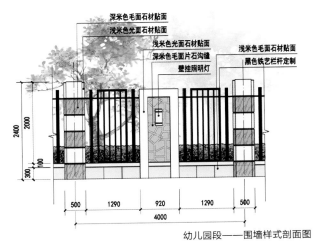

深米色毛面石材贴面
浅米色光面石材贴面
浅米色光面石材贴面
深米色毛面片石沟缝　　浅米色毛面石材贴面
壁挂照明灯　　黑色铁艺栏杆定制

幼儿园段——围墙样式剖面图

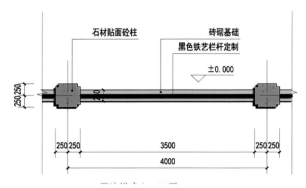

石材贴面砼柱　砖砌基础
黑色铁艺栏杆定制
±0.000

250 250　250 250　3500　250 250
4000

标准段—围墙样式平面图

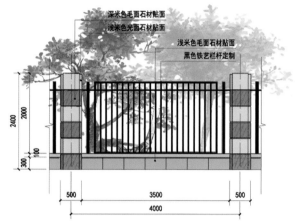

深米色毛面石材贴面
浅米色光面石材贴面
浅米色毛面石材贴面
黑色铁艺栏杆定制

2400　2000

300　100

500　3500　500
4000

标准段—围墙样式剖面图

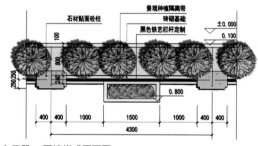

石材贴面砼柱　景观种植隔离带
砖砌基础
黑色铁艺栏杆定制
±0.000
0.100

250 250　240

0.800

400 400　1000　1500　1000　400 400
4300

入口段—围墙样式平面图

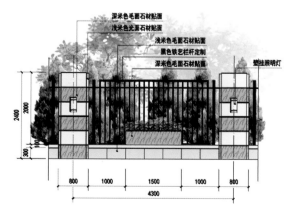

深米色毛面石材贴面
浅米色光面石材贴面
浅米色毛面石材贴面
黑色铁艺栏杆定制
深米色毛面石材贴面
壁挂照明灯

2400　2000

300　100

800　1000　1500　1000　800
4300

入口段—围墙样式剖面图

景观节点透视图

景观节点透视图

# GUANGZHOU NORTH VANKE CITY
# 广州北部万科城

项目地点：广东广州

设计时间：2010年

建成时间：2011年

项目面积：666 666.667平方米

景观风格：现代派（现代自然）

设计单位：普梵思洛（亚洲）景观规划设计事务所

### 项目简介

　　清远万科城位处广州花都区与清远交界处的王子山生态区，是广州城市发展规划中"北优"战略的核心开发区域，发展前景广阔。项目规划总面积达666666.667平方米，总建筑面积约为130万平方米，未来将形成约4万-6万居住人口规模的大型生态型城市社区。项目超大规模自成一体，内部分为公园区、教育区、商业区、餐饮区和住宅区共五大区域，完整的生活设施体系规划，包括社区交通岛、生活超市、餐饮街、优质中小学、社区医院，以及临湖会所、KTV、运动馆、SPA水疗中心、山体运动公园等休闲设施。项目一期主推临湖小高层、高层住宅产品，户型包括67-109平方米的2房至4房。

### 设计理念

　　本项目设计风格为现代自然+临江休闲风情，力求打造以下景观亮点：

　　主入口及大坝：入口空间的表达，自如、平淡中见奇崛，轻盈中有跃动，仿佛有一种力量在心头跳跃闪动；夸张被隐藏，浮华被撕去，个性化的情愫被体现。大坝简约而不简单，放松的空间、长远的视线，直接将人引入温馨的家园。

　　对景：含蓄的水幕、宜人的下沉草坪，将现代自然的全新感受为人们重新诠释。

　　商业广场：跳动的旱喷、婆娑的树阵、嬉戏的情景雕塑、趣味的指示牌将商业广场的氛围生动地组织起来。

　　滨湖商业街：灿烂的灯光、休闲的酒吧、灵动的水波、多样的休闲服务区，为人们提供了丰富的生活情趣。

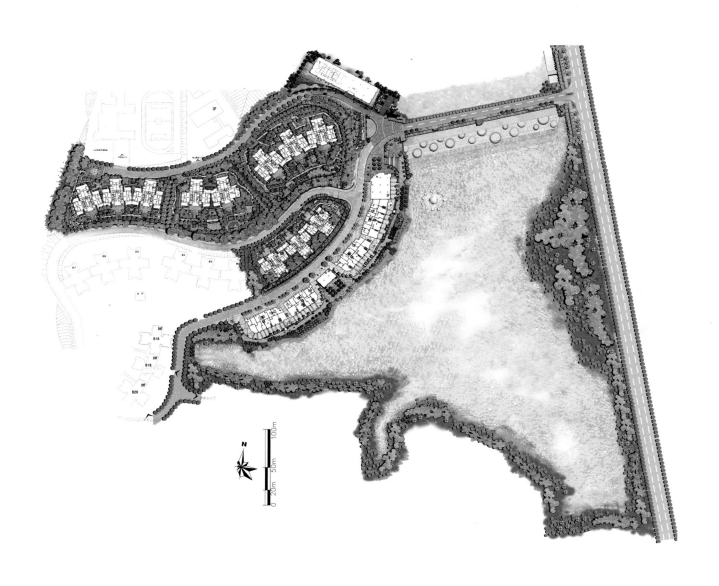

# SUZHOU RONGCHUANG LONG ISLAND 81# VILLAS

## 苏州融创长岛 81 栋

项目地点：江苏苏州相城区

建成时间：2011年

项目面积：133 430平方米

设计单位：意格国际

主设计师：徐丰强

项目设计中豪华实用的景观空间与原有的美式建筑相结合，自然的花园布置带给业主典雅和安逸的感觉，并且随着植物季相的变化营造浪漫氛围。入口空间的感觉是高贵和规则的，种植着高大香樟树和茂密四季草花的迎宾入口，引导业主和来宾进入社区。阳光草坪上由植物群组成的景观轴线一直延伸到中心湖区，轴线端景的水景墙不仅起到入口方向上的视线障景的屏风效果，同时其背面也是个多功能亲水休闲空间。别墅区的中心湖景提供一个安静的公共活动区域，业主在这里可以得到亲水的体验。这条长着水生植物的溪流还能提高周边临水别墅

的价值。组团道路不仅仅是一条道路，还可以提供增进邻里交流的活动空间。庭院与庭院之间不是全部由高墙分隔，而是根据前院和后院的位置用由低到高的庭院围墙分隔，这样既可以增加业主之间的友好性，又可以保证每户别墅的私密性。植栽在每条街道上都扮演着很重要的角色。沿着主干道种植香樟，各组团道路种植不同的色叶乔木。每个区域都有自己的植物景观特征。每一个别墅的门口都会有不同色彩的草花，随着四季不断变化。这一切，使得住在这里的人可以享受到自然的、豪华的居住生活。

# QINGDAO HISENSE GOLDEN COAST

## 青岛海信麦岛金岸

项目地点：山东青岛

设计时间：2008年

建成时间：在建

景观面积：126 300平方米

建筑面积：24 600平方米

占地面积：150 900平方米

设计单位：水石国际

### 项目介绍

　　该案区位条件十分优越，位于青岛市崂山区石老人国家级旅游度假区内，总占地733333平方米，拥有在中国滨海城市版图中绝无仅有的1.7公里长天然海岸线，是青岛中心城区最后一个大规模海景资源项目，其中一期占地140000平方米。

　　项目建筑类型包含多层、高层、商业，还有海信地产从德国贺府公司引进的5幢木制HUFF别墅。项目景观设计中，着力塑造有中心绿地广场、下沉庭院、落水瀑布、篮球场、休憩亭廊、小型果岭以及形形色色的雕塑小品，让您在自然的怀抱中流连忘返。设计尤其注重层次丰富、细腻、浓郁的地形植物造景，形成在北方稀缺的自然绿化氛围宜居环境。

# BEIHAI HENGYU COAST MAGNIFICENT MANSION

## 北海恒宇海岸华府

项目地点：广西北海

设计时间：2009年

建成时间：2011年

项目规模：54 180平方米

占地面积：79 390.26平方米

景观面积：54 180.00平方米

景观设计：筑奥景观建筑设计

主设计师：叶春涛

恒宇海岸华府坐落在享有古代"海上丝绸之路"始发港之称的广西北海市，恰处"天下第一滩"北海银滩与市中心之间，为银滩国家旅游度假区滨海旅游带上的居住中心。

本项目在尊重原生地貌特点的理念下，独创"二峰一谷"盆地式规划格局，结合建筑风格进行合理布局，打造出开放的公共区域和半私密的院落专属空间，以线条、色彩、光影及空间等景观元素交织成一首华丽的城市交响曲，实现城市与山水、繁华与静谧的共融。

设计师们尝试以新东方风格为基础，融入东南亚元素，营造出自然、健康、休闲的景观，从空间的打造到细节的装饰，都充满对自然的尊重和对手工艺的崇尚，无论在庭院的哪个角度，都充

盈着一份自然、一份纯真。均匀铺设木格栅的亭顶、形态各异的庙黄色花钵、千姿百态的大小水景、栩栩如生的动物雕塑、野趣横生的热带植物，聚集于斯，任凭多么沉重的心情都会涤荡一新，让你在这个宜居的"度假天堂"里，放下所有的悲伤与烦恼，在柔软的时光中，闲云野鹤般心无芥蒂，尽情享受宛若贵族般优雅闲适的生活。

在廊亭的打造上，设计重点运用木质材料进行装饰。从保安亭的木质泰式顶，到庭院中的全木质凉亭，再到私家院落入口的木质门檐，都与建筑外部的木格栅装饰遥相呼应。这种带有深厚热带气息的木质结构将阳光层层过滤，洗去骄阳的炙热，给居民的心情留下一丝凉爽。

园路铺装上，以柔美的波浪曲线蜿蜒向前，用独特的东南亚符号作为园路的基本元素，选用粗糙质朴的庙黄陶砖加以黑色镶边，利用对撞色形成的强烈视觉冲击，深厚的宗教色彩营造出一种"清逸起于浮世，纷扰止于内心"的居家氛围。

水景的设计，又为居民增添了几许清凉、几许浪漫。无论是中心大面积的泳池、缓缓坠落的跌水，还是慵懒平静的池水，都在湛蓝的天空下，高低错落中，尽显娇媚妖娆的身姿。特别是在泳池的设计上，采用弧形溢流边界，在底部铺上天蓝色的瓷砖，与天空的蓝遥相呼应，加之四周高高低低葱郁而随意的植物组团，打造出海洋度假村海阔天空的浪漫感觉，凭谁也不能抵挡此般诱惑，纵身一跃，不顾耳后纷繁嘈杂的世界，与水来一场清爽的约会，于是，人生的至真至诚，也在这轻轻流淌的水中全方位释放。

在细节小品的打造上，设计师们也独具匠心，泳池入口地面上大朵的镶花、步移景异的组团、方整的灯饰上随意伸展的藤蔓花纹、植丛中精心点缀的温润石头、园地中镶嵌的黑色鹅卵石、鹅卵石上摆放的庙黄色花钵……处处洋溢着异域风情，弥漫着恬静浪漫，再加上偶尔的几声鸟叫，共同谱写出一曲优美的乐章。

# QINGDAO LONGFOR SUNSHINE COAST
# 青岛龙湖滟澜海岸

项目地点：山东青岛
建成时间：2012年
设计面积：3 630 000平方米
设计单位：笛东联合（北京）规划设计顾问有限公司
主设计师：袁松亭

### 珍贵植物

在龙湖五重园林、成品移植、四季异景等特殊的造园技法基础上，设计师对青岛气候植被进行了详细的钻研和采集，在同纬度保证成活率的基础上，尽可能地采用多样化苗木。目前项目花木树种已多达100多种、2000余株，其中不乏珍稀花木，这里的园林几乎可以作为青岛地区植物多样性研究的公园基地，不仅为居住者营造了完美的园区，也为当地留下了珍贵的植物资源。

### 入口设计

社区的入口是归家的第一重风景，也是整个小区形象的名片。在打造社区入口时，尽可能地照顾到各方位的观景需求。

考虑到透明水景可兼顾各个视角的优点，在入口处设置大型水景，同时又因为水流声音可能会影响附近住户的休息，对水景进行了层级跌水处理，不仅增加了水景的趣味性，还保障了景观的最大可观赏度。

### 私享溪流

举世闻名的流水别墅因其私享溪流、内外空间交融、浑然一体的特色而成为豪宅别墅的经典之作。龙湖和院别墅建造之初，设计师也考虑到社区水系的充分利用，通过对水系流动规划，让更多的别墅居者能够近距离地享有水系。而在别墅与溪流的位置关系上，龙湖将水系最大私有化，成为临水住户私家水系，避免了水系共享所带来的噪音、环境等方面的干扰。

RESIDENCE

# 住宅

RESIDENCE NEAR MOUNTAIN AND SLOPS

## 山体坡地住宅

# MOGANSHAN GOWIN MANOR
# 莫干山观云庄园

项目地点：浙江莫干山
设计时间：2011年
建成时间：2013年
项目面积：600 000平方米
设计公司：LANDAU朗道国际设计

莫干山观云高尔夫球场和莫干山高尔夫庄园位于德清县武康镇，毗邻四大避暑胜地之一莫干山国家级风景名胜区，总占地3333333余平方米，总投资38亿元。此次进行设计的两套别墅是首期悦舍组团中的四号楼与十二号楼。其建筑风格为新东方主义现代别墅，室内装饰风格也以简约为主。设计初始，在与建筑及室内风格相协调的基础上，经过多次设计研讨，设计师将四号楼的景观主题定位为"光之魅"，十二号楼的景观主题定位为"隐之美"。

设计师希望通过"天光、倒影、水波"这些元素来表达出"光之魅"的景观主题。四号楼的室内氛围是灰白简约的形式，因而其庭院景观的设计亦是从简洁大气出发，以求达到内外一体、至纯至净的视觉感受。在庭院空间的功能上，设计师作出了如下概括：

归——心的归属，梦的起航；

乐——灵动之乐，心之约；

聚——我们在这里相聚；

沐——只为那纯美阳光。

十二号楼的庭院设计，其大方向与四号楼庭院是一致的，在细部上则有所区别。设计师用"隐世、静谧、致远"这三个词来诠释"隐之美"。禅意庭院，隐逸于市，一个隐字，将东方气韵娓娓道来。室内装饰风格是非常雅致的黑与白，在室外景观的设计上，设计师也沿用了对立统一的设计理念。同样，设计师用四个字概括了十二号别墅庭院的景观功能：

静——真正的平静；

赏——视觉盛宴；

潺——水潺潺，心之聆听；

弈——博弈之境，风起云涌。

别墅建筑外立面材料以洞石、玻璃为主，配以少量的木材，景观用材与建筑用材相统一，加以精致布局和纯净灯光效果，为庭院更添一抹神韵。

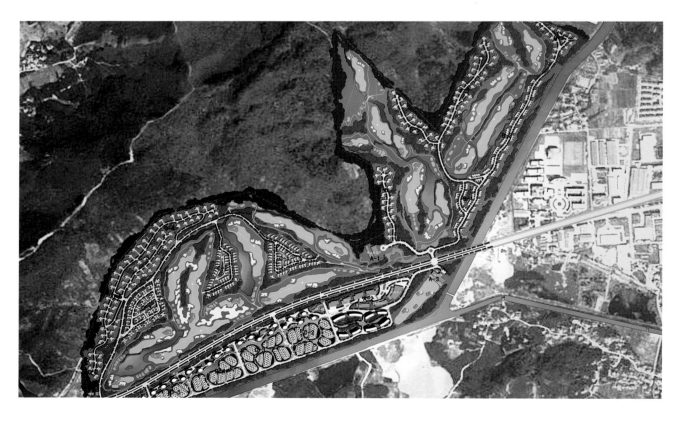

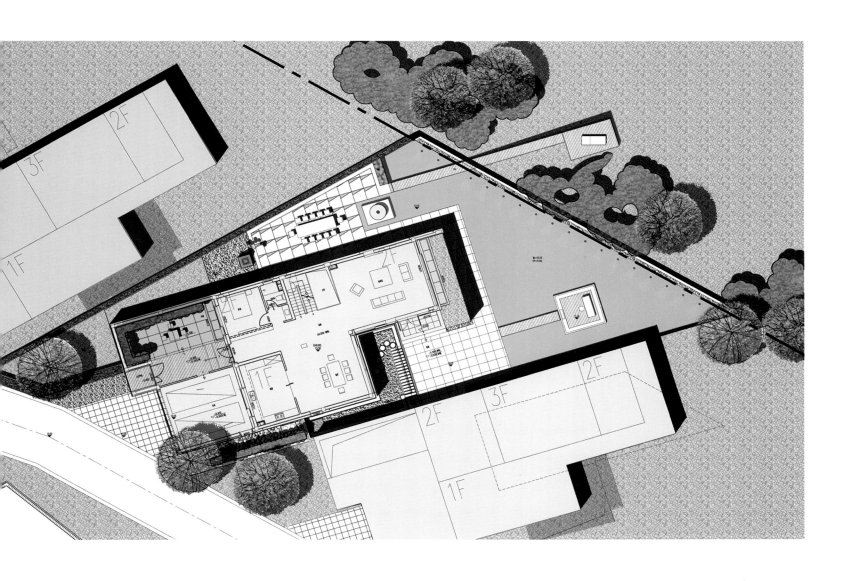

# KUNMING HORTI-EXPO ECO-COMMUNITIES

# 昆明世博生态城

项目地点：云南昆明
项目规模：2 590 000平方米
设计单位：SWA Group
项目团队：坂茂建筑设计 (Architect, Forest Knoll)、盛邦咨询有限公司、中梁建筑设计有限公司

昆明世博生态城的设计基于设计师对项目场地历史自然历程的领会。设计的主要理念是提供便捷的生活产品和服务，并构建大型的非机动车开放空间系统，以满足居民日常生活的需求。总体规划通过细致的开发方案修复了景观平衡。废水的处理和重复利用应用了可持续技术方案，以降低城市降水径流带来的峰流，并减少建筑供暖和降温的负荷。另外，设计方案还致力于通过太阳能采暖来减少能源消耗，集中式开发则有利于保护和修复森林和水系。修复的健康功能型森林是设计的灵感来源，致力于提供优质的空气环境、优良的饮用水和野生动物栖息地，保证植物品种的多样性。因地制宜的设计方案创建了一系列高度融合的社区。每个社区的地块都尊重了地形原貌，避免了大量的地势处理及其带来的生态破坏。

# ZHUHAI BAYVIEW VILLA
# 珠海美丽湾

项目地点：广东珠海情侣北路

设计时间：2008年

建成时间：2012年

占地面积：35 000平方米

建筑面积：62 000平方米

设计单位：城设园林设计有限公司

珠海美丽湾十里阳台，两面环山，一面临海。后山10万平方米的凤凰山公园，可以通过小区内的登山小径，拾级而上，进入其中。在项目规划时，建筑师不惜将建筑密度降低至10%，从而保留了更多的园林空间。整个建筑依山而建，南面朝向花园和海，从风水角度，为园林创造了良好的条件。

也正因为如此，建筑北侧和东侧的消防车道要求对山体进行切削，而场地西北角和正北角却拥有天赋的自然景观，从山上常年流下来的山泉水，形成了美丽的风景线。在切削后的山体上，我们尽量保留了山体的岩石质感，再通过山体的复绿，以植生的形式栽植了如勒杜鹃、软枝黄蝉等，与易于维护的下垂性植物相结合，山脚则布置霹雳、爬山虎等攀缘性植物。而后山的登山步道因范围狭窄，竹子自然成了最佳的选择，"清明一尺，谷雨一丈"亦形容其长势惊人，却不像大乔木需要较大的空间。通过以上的方法修复了山体之"伤口"，最终形成天然质感的流水瀑

布，在半山建筑了"观瀑亭"。

项目与滨海公园以情侣路相隔，为了减少车行对住宅内部的噪音影响，沿路一侧，设计师以景墙和堆坡的形式，结合种小叶榕、凤凰木等乡土大冠幅树种，以及中层次灌木和地被，形成多层次的"隔音屏"。同时人工湖的喷泉等亦将弱化噪音。

主入口一侧的人工湖其实也是小区的消防水池，因此常年都将保持有水，将后山的山泉引入人工湖解决了水源的问题，流水不腐则解除了水质变化的后顾之忧。

竖向设计上，充分利用了地库平台一侧，设计了自然通风的地库。同时，地库平台与湖区之间的高差合理地考虑了地形设计，形成了情趣化的园林空间，地库的人行出入口也融入园林设计中，既是地库出入口，也是观景平台。

| PAVING | PA. | CASCADE | | CHILDREN'S POOL | | POOL DECK | PA. | BALINESE PAVILION | LILY POND |
|---|---|---|---|---|---|---|---|---|---|
| 铺装 | 绿化 | 跌水 | | 儿童池 | | 池畔平台 | 绿化 | 巴厘小亭 | 荷花池 |

FROM WATER SOURCE

跌水钵 WATER POT

儿童水滑梯 CHILDREN POOL

装饰花钵

剖面图
SECTION
SCALE: 1:75

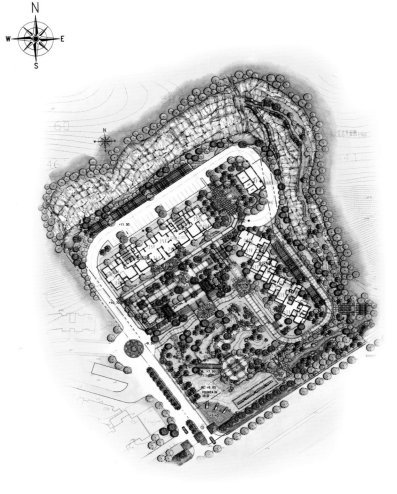

| CARPARK | ENTRANCE | GARDEN | ENTRANCE TRELLIS | GARDEN | CASCADE | LILY POOD | WATER FEATURE WALL | PA. | SIDE WALK | ROAD |
|---------|----------|--------|------------------|--------|---------|-----------|--------------------|-----|-----------|------|
| 地下车库 | 入 口 | 花 园 | 小区入口花架 | 花 园 | 跌水水景 | 荷花池 | 特色水景墙 | 绿 化 | 人行道 | 道路 |

# YUNNAN BAIYAO YIMINGYUAN PHASE ONE
## 云南白药颐明园（一期）

项目地点：云南昆明

设计日期：2010年

建成时间：2011年9月

项目面积：333 335平方米

设计单位：意格国际

主设计师：蒋斌锋

　　项目的设计理念旨在利用云南丰富的植物和文化资源，传承云南白药悠久的企业精神和传统养生文化，提供一处风景秀美、文化与艺术气息浓郁的生态养生住宅。设计以"云南白药"历史的发展为主轴，展开景观元素，为让人们在居住和游览的同时对企业的历史文化加深认识。设计师在社区内部做一个充分展示白药文化的公园，向过往或驻足的游客展示白药挽救生命、治疗伤痛做出的卓越贡献。将传统养生文化与现代景观营造相结合，在有限的空间中，通过植物、水景等元素营造出一个让人从中体验自然美好的场所。在植被设计上结合临时速生树种和永久慢生树种，通过两者的相互影响，使设计改造后的植物群落快速复原。利用云南优越的气候条件，营造层次丰富、品种多样的植被空间，充分展示植物强大的造景功能。采用动、静结合的空间组合，以植物为主的花园，提供了人们可以静思的静谧空间。同时有丰富的空间设计提供了人们不同的活动空间，让居住在城市中的居民体会到各种亲近自然的情趣，享受运动的乐趣。穿插着白药文化的文化娱乐空间则尽力提供给人们最便利的出行体验和充满活力的动感空间。商业区的景观小品中也融入了白药文化，让人们在不知不觉中感受白药的文化内涵。主入口开阔大气，给予住客出入便利的生活。

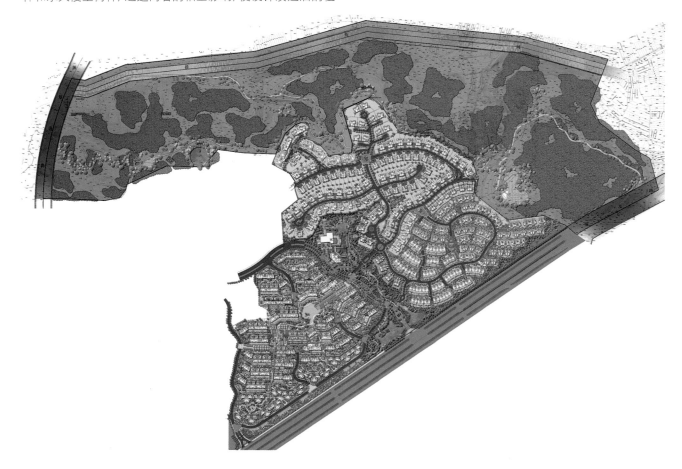

大剖面1

大剖面2

外墙立面图

# ZHUHAI NANFU GLORIOUS GARDEN

# 珠海南福锦园

项目地点：广东珠海
设计时间：2009年
建成时间：2011年
占地面积：33 674.38平方米
设计单位：奥雅设计集团

珠海南福锦园景观设计项目位于珠海市三大城市公园之一的白莲洞公园旁，总用地面积为33674.38平方米，景观面积约26000平方米，项目为官村花园改造项目，北靠板障山，南面九州大道，东临白莲洞公园，西望澳洲山庄，地理位置得天独厚，景观资源优越，是珠海城市中心腹地不可多得的风水宝地。

## 设计理念

现代——以现代泰式的景观设计风格诠释"南福锦园"项目规划的精髓，打造人性化、绿色经典度假社区。

自然——以板障山、白莲洞公园的自然景观为依托，将板障山和白莲洞的原生态自然景观引入社区，延续大自然的绿。

健康——充分利用项目地域优势，将板障山纳入进行社区休闲活动的山体公园，提高"南福锦园"阳光健康社区的品质。

## 设计原则

充分利用板障山、白莲洞原生态的自然景观，分析环境可能形成的景观空间结构，营造一个轻松、愉悦而富有层次的景观来满足人们交流、休憩、娱乐等需求。

受益于建筑设计方提出的整体环境规划的概念，项目的环境能最大化地与建筑设计相融合，互为补充，相得益彰。基于创造性功能空间与景观系统相结合，加强社区与周边环境的紧密联系，保持强劲的市场效益，遵循三者并重、环保效益、社会效益的原则。

1.与自然共生，与现有周边地域环境资源充分结合，尽量保留原生态自然环境资源，提高整体的绿化率和生态化，使景观、自然、建筑完美地结合。

2.通过景观赋予每个组团不同的功能特色与可识别性。

3.景观小品的设计语言现代、精致，满足功能并具可操作性，避免单调重复的设计手法。

4.创造一个葱绿、宜人、可自由通行的高品质社区。

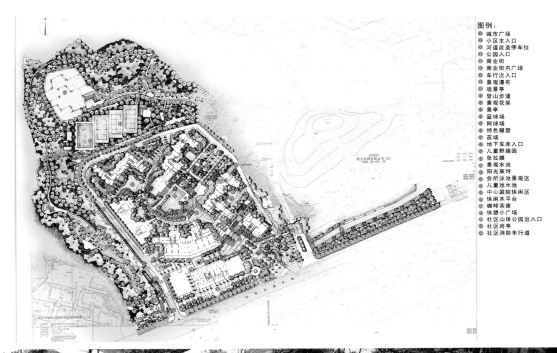

# FINELAND MOONLIGHT PARADISE LANDSCAPE DESIG

## 从化方圆明月山溪

项目地点：从化市温泉镇乌石村

项目面积：254 000平方米(一期), 170 000平方米(二期), 73 000平方米(湿地公园)

设计团队：AECOM广州办公室

设计师：汪怡嘉、张训豪、黄欣宁、罗昕等

从化方圆明月山溪是一个传承岭南及西关文化精髓的休闲度假式住宅小区。基地毗邻从化温泉旅游区，南临流溪河，三面环山，环境优势突出。我们受托为该小区提供景观规划和设计，以及环境评估等咨询工作。

项目的设计理念以提倡中式的景观结构为基础，运用现代的设计手法及设计语言，打造出独具一格的"新西关"风情小区。以追求生活空间及精神文化的更高境界为目标，通过提炼岭南传统文化精粹，增强小区的个性。在设计手法上，我们设计团队以延续传统元素及符号为指导原则；在细节处理上，以现代的简洁取代传统的烦琐；在色彩的运用上，以点缀式的中国红打破传统的灰色调，充分体现岭南园林精巧秀丽的韵味。另外，我们设计团队结合项目的复杂地形及业主的要求，因地制宜地塑造顺势而生的山水景观体验，让居者能够在这里感受到风光旖旎的荔湾湖和山溪流水、富有浓郁岭南文化的"新十三行"和浓浓的邻里亲情。

在延续岭南庭院风骨及沿袭传统园林空间结构及尺度的基础上，设计团队通过现代材料的运用及细部元素的推敲，体现设计的精致度。同时结合业主要求，在充分利用地形优势的基础上，引入了"流水别墅"的景观概念。景观结构上以两大跌水景观为空间结构的骨干，塑造出水花园、景墙花园及坡地花园等不同的主题花园。景观设计使溪流景观与别墅的后花园紧密结合，在视线上通过中心绿岛的隔离，充分利用"借景"手法将公共景观最大限度私有化，同时亦形成保证私密性的天然屏障。

景观设计在强化从环境上充分体现自然的基础上，将山及水作为景观元素嵌入设计当中，主要有三方面的体验：

**岭南文化体验：**将岭南文化中特有的盆景作为设计元素来强化装饰景观建筑。

**自然环境体验：**景观设计中利用高差变化的优势，通过溪涧、落水、瀑布等形式将水的动态、水的声音、水的光影变化体现在自然环境当中。

项目中心设有湖区，以岭南"九曲桥"及"荷塘月色"的设计语言将岭南文化与自然景观结合在一起。

**昼夜及四季景观的体验：**日间以各色植物树种表现小区园林的绿意盎然，夜间以湖光月影展现小区景观的浪漫神韵，以四季不同的植被迹象变化来展现园林中不同的颜色及意境。

此处的景观设计还体现了三项环境保护措施：

**生态保护：**以乡土树种为绿色景观骨架，运用多样化的植物材料，以群落种植的方式将小区内的生态环境最大限度地还原自然状态，提供对动、植物更为有利的自然生态环境。

**环境保护：**运用本土环保材料、透水的地坪、乡土树种，让明月山溪的景观环境能够可持续地发挥其最大的环境保护作用。

**水源保护：**最大限度地美化流经项目内部的西干渠，避免将生活污水、景观用水排入渠中，起到水源保护的作用。

在环境考虑方面，我们尊重原地形的特征，力争最大限度地保护基地现有的生态资源。通过平衡土方量，尽量减少对现有地形的整改。建议别墅之间尽可能地保留山体的绿色通廊以保护生物系统的持续生长，通过植栽密植的方式形成各自别墅的花园分隔，有利于形成完整的绿色走廊结构。同时大量运用本土植栽以确保环境的可持续发展，力求开发建设与自然环境共生共长的平衡关系。

# LINGXIU VALLEY OF BEIJING SCIENCE PARK DEVELOPMENT GROUNP

## 北京科技园集团领秀慧谷住区

业主名字：北京科技园建设（集团）股份有限公司

项目地点：北京市昌平区回龙观镇

设计时间：2010年

建成时间：2012年

项目面积：160 000平方米

主设计师：李伦

参与设计师：刘庚、史建亮、代青、严磊

设计单位：澳斯派克(北京)景观规划设计有限公司

### 项目说明

项目位于北京市昌平区回龙观镇，景观设计面积约16万平方米，根据项目对目标客户群的定位，将大学、学院的规划设计理念运用到居住区的景观规划设计中，体现出"知性"的设计风格以及多元文化与自然的交融。

### 设计主题

自然、人文、交往、活力

### 设计原则

知性风格的整体和谐统一原则，花园环境与人居生活共享原则，景观效果与经济使用兼顾原则。

### 设计师的灵感和概念

一处生态植物谷，带来景观意境与项目的影响力；

一条带状活动轴，因地而生，服务居民，创造交往概率，孕育健康运动；

类鱼骨刺的中轴与周边的道路穿插联系，使中心轴的魅力向南北辐射，也满足了社区活动空间的层级要求：公共、半公共、较私密空间。

### 设计策略

用蒙太奇手法将名校校园典型景观片段与知性、智慧相关联的社区功能结合，形成慧谷特色住宅景观。

各组团具体设计手法差异，增强组团识别性。

按组团组织交通，打造纯步行小区。

节点

节点——情人坡

节点——区入口

节点——翠竹园

效果图

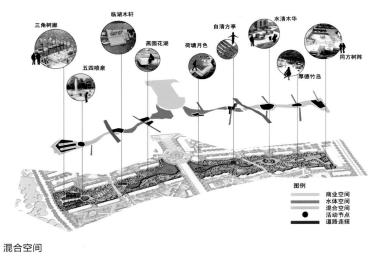

三角树廊　五四喷泉　临湖木轩　燕园花湖　荷塘月色　自清方亭　水清木华　同方树阵　厚德竹岛

图例
商业空间
水体空间
混合空间
● 活动节点
道路连接

混合空间

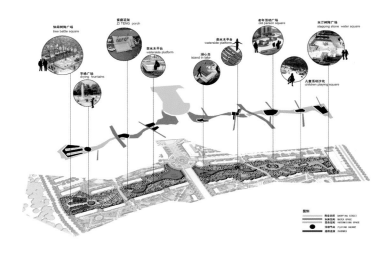

tree battle square 铁闸树阵广场　紫藤花架 ZI TENG porch　老年活动广场 old person square　水汀树阵广场 stepping stone water square　亲水木平台 waterside platform　湖心岛 island in lake　平晒广场 drying fountains　儿童活动沙坑 children playing square

图例
商业空间 SHOPPING STREET
水体空间 WATER SPACE
混合空间 MIXTURE/LONG SPACE
活动节点 PLAYING SQUARE
道路连接 CHANGE

模糊空间

142

# SCHOBRUNN 1612 NANNING GUANGXI

## 广西南宁美泉 1612

委托单位：广西云景房地产开发有限公司

项目地点：广西南宁市云景路

项目规模：55 000平方米

设计时间：2011年

项目进度：2012年部分竣工

设计单位：深圳市东大景观设计有限公司

项目源于欧洲峡谷的一座古桥以及优美的美泉宫传说，此设计是以"行宫"以及闲欧文化为切入点打造的具有准别墅品质的高性价比精品住宅。设计巧妙地利用现有地形来设计独树一帜的"峡谷"景观。贯通一气的林荫步道串联中心峡谷景观，环绕不同尺度的林荫空间，倡导自然惬意的"行宫生活"。自然风格与ArtDeco建筑景观在一起形成弱化威严而庄重感觉的同时，也多了一份妩媚、灵动与惬意的气氛，结合不同户型的入户花园更提升其品质。

整体鸟瞰图

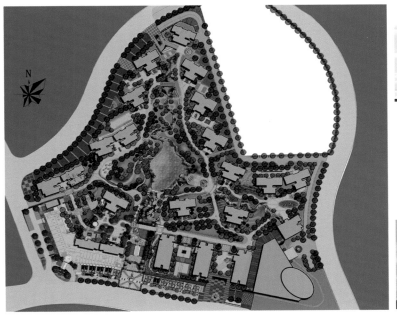

总平面图

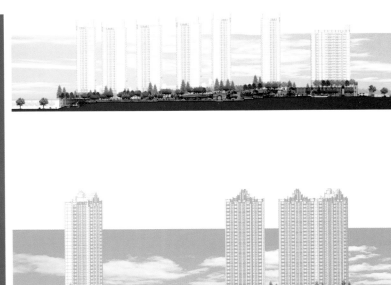

整体剖面图

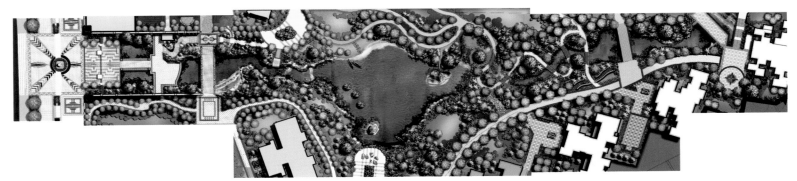

中心景观带峡谷平面图

主入口峡谷剖面图

前庭侧剖图

149

会所入口

商业街

主入口峡谷

# HANGZHOU LONGFOR ROSE AND GINKGO VILLA

## 杭州龙湖滟澜山

项目地点：浙江杭州

设计时间：2010年

建成时间：2013年

项目面积：200 000平方米

设计公司：LANDAU朗道国际设计

### 项目说明

设计延续了建筑规划的总体特点，我们将景观空间概括为"一大一小，两横一纵"。

**一大**：开阔舒展的高层北侧是大尺度的景观空间，主要以地形堆坡形成中央开阔草坪，再结合浓密且层次丰富的绿化背景营造一种开阔大气、自然舒畅的景观空间。

**一小**：精致宜人的洋房别墅内部景观，空间尺度相对较小，主要以植物层次营造竖向景观，再加以精致的西班牙风格构筑物进行空间点缀，营造一种亲切温馨的感觉。

**滟**："滟"即水闪闪发光，在景观设计中用来形容中心景观水系的水光潋滟。整个水系以浓密绿化植物为背景，点缀局部红枫、鸡爪槭——类色叶植物。

**澜**："澜"即大波浪，在景观设计中用来形容宽阔起伏的大草坪，配以简洁的空间营造，形成人们休闲游乐的港湾。

**山**："山"即蓝山风情。体现蓝山精致的生活品质。

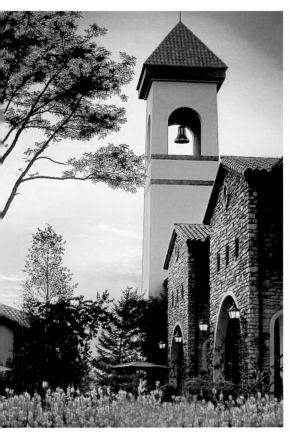

# GUIYANG HENGSEN CRYSTABLE CITY
## 贵阳恒森自在城

项目地点：贵州贵阳小河区
项目时间：2012—2013年
项目面积：3 800平方米
设计单位：深圳市何小强景观设计有限公司
主设计师：何小强

### 设计理念
### 台地景观概念

以原生地貌为设计雏形，依势造出台地、坡地景观，自上而下随着地势层层递进，借势建园，错落有致的立体景观突破了传统的表现手法，契合现代人的审美观。台地生活是一种品位，只有注重生活细节的人，才会关注台地给生活带来的品质。

### 无边界水池概念

无边界水池（名负案、零岸、不可见岸或消失之岸水池），是指一种游泳池或者倒影池，它们可以创造出一种水面延伸到地平线，消失不见或者延伸到"无限"的视觉效果。无边界

水池存在于各种华丽的或海外的度假胜地、私有地产，以及广告之中。其设计概念据称起源于印尼巴厘岛，那里无所不在的水稻梯田造成的视觉上的戏剧性效果直接启发了无限水池的设计灵感。

### 中心的景观平台

中心的景观平台地处项目的中心位置，其良好的视野范围、承上启下的功能性，使其成为整个设计的中心景观地带。平日里，它为该地区的住户提供一个休息休闲的好去处；开展活动期间，它又能成为户外酒会与售楼情景体验的平台。

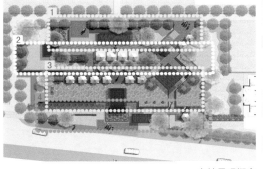

台地景观概念

无边界水池概念

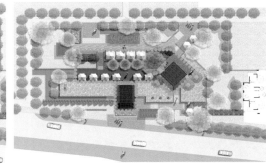

中心景观台

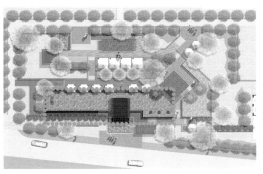

水雾概念设计

多功能服务厅

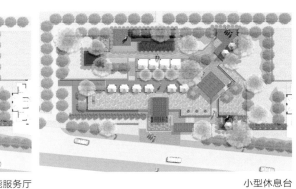

小型休息台

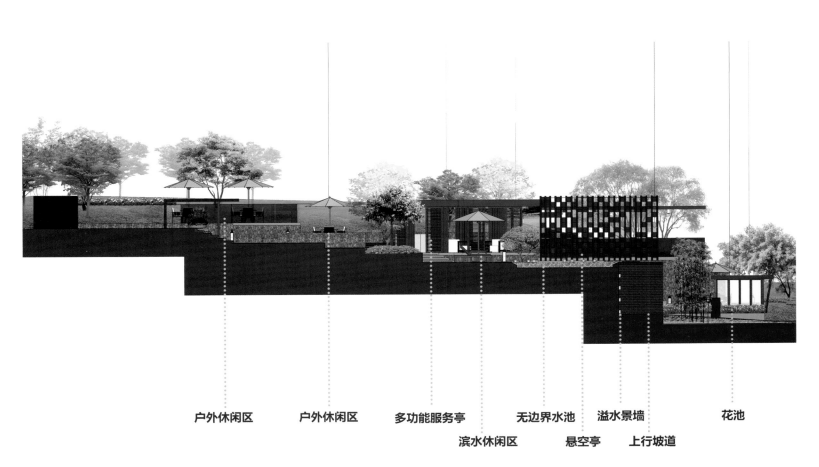

户外休闲区　　　户外休闲区　　　多功能服务亭　　　无边界水池　　溢水景墙　　　　　花池

滨水休闲区　　　　悬空亭　　上行坡道

剖面图

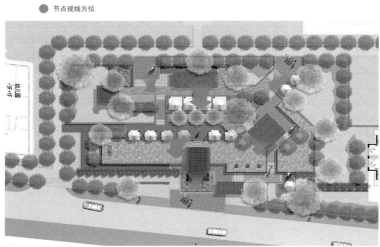

● 节点视线方位

节点视图分析

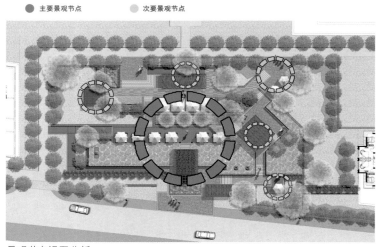

● 主要景观节点　　● 次要景观节点

景观节点视图分析

● 主要人流动向　　● 特殊人群通道（供残疾人或婴儿推车）　　● 消防通道

交通人流动向分析

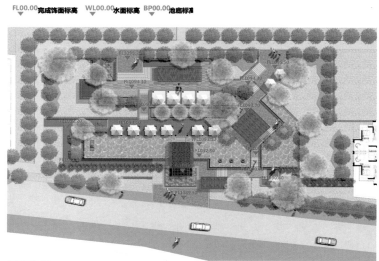

FL00.00 完成饰面标高　　WL00.00 水面标高　　BP00.00 池底标高

标高分析

灯光意向

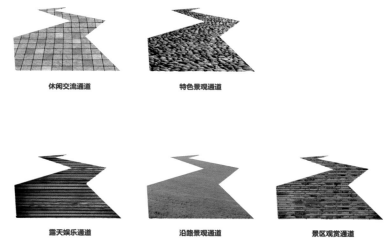

休闲交流通道　　　　特色景观通道

露天娱乐通道　　　沿路景观通道　　　景区观赏通道

铺地材料

RESIDENCE
住宅

GARDEN RESIDENCE
花园住宅

# SHANGHAI GREENTOWN ROSE GARDEN

## 上海绿城玫瑰园

项目地点：上海

建成时间：2009年

项目面积：850 000平方米

设计公司：SWA Group

设计团队：Bill Callaway, Scott Chuang, Kui-Chi Ma, Roy Imamura

在项目前期理念及在建一期工程区域综合调查报告的基础上，绿城玫瑰园旨在缔造独有高端居住发展空间。它设计精良、景致优雅，巧妙地将西式风情与旧上海别墅韵味融为一体，传递出一种舒适的生活质感。此外，借鉴了传统欧式豪华别墅设计技艺的豪华型（1300平方米）及庄园型（4000平方米）两种独户别墅亦可满足各类专享需求。另外，区内的交通非常便捷，循环主干道与各级监控入口交错相连，路网密布、四通八达。更值得

一提的是，在设计师们的精心雕琢下，天然林区、水道及各种循环系统必将错落有致、浑然一体，共享私有空间相连却又互不干扰，共同缔造独有的奢华品质。

区内条件优厚。平坦的农田上蜿蜒着优良的水道及灌溉系统，而分布其中的农舍又是另一种别样风情。从南而入，占地27000平方米的俱乐部必将抢尽你的眼球。此外，建于1948年的教堂亦会以另一种新的面貌欢迎八方来客。

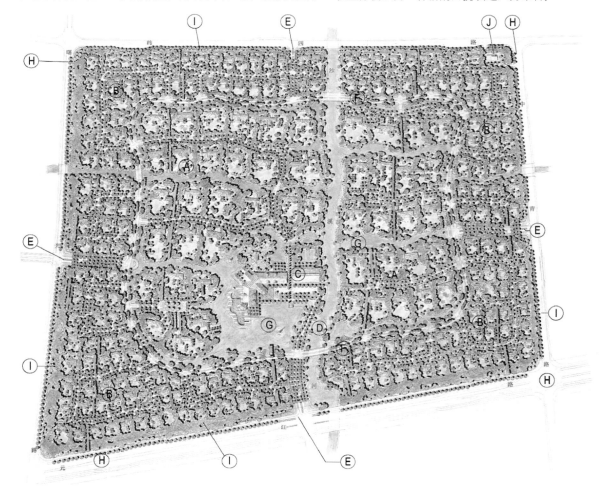

# HUIZHOU CITIC VICTORY CITY

## 惠州中信凯旋城

项目地点：广东惠州
建成时间：A地块——2011年，B地块展示区——2012年
设计团队：SED新西林景观国际
项目风格：南加州风格
项目面积：343 309平方米

项目位于惠州中心体育场附近，拥有较宽的市政绿化，提升小区整体品质价值的同时，也为小区提供了一个良好的绿色屏障。依据其建筑产品风格——西班牙风格，景观设计承袭南加州风情的热烈奔放，倾力打造高尚小镇度假情怀，将奢华会所、人文生活乐园、野趣大方的生态自然尽收其中，彰显艺术细节之美。

根据地理环境，SED新西林景观国际将设计综合为三大元素——因大面积自然生态人工湖引申的畔水而居的生活意境；集展示、休闲、娱乐、服务为一体的尊贵皇家休闲会所；浓郁的地域性风情景观。

项目营造的不仅仅是适宜的居家之所，更是西班牙度假庄园。

项目将景观分为六个组团空间：花园、广场、皇家会所、SPA休闲区、商业广场以及自然生态湖区。多功能休闲活动场地、尊贵品质空间、自然生态景观带，以及林荫种植区相融合的多元化景观空间，彰显了景观的最大价值。

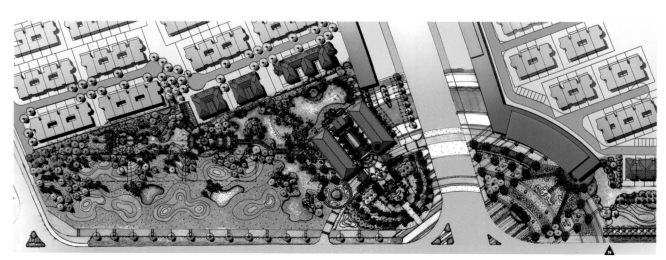

总平面图

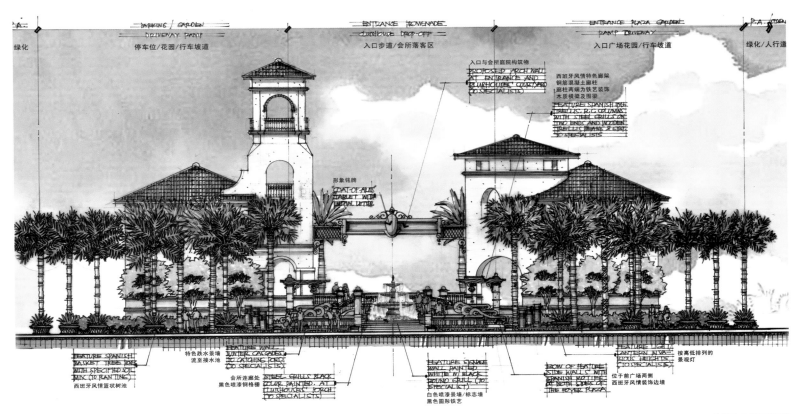

PARKING / GARDEN
DRIVEWAY RAMP

ENTRANCE PROMENADE
CLUBHOUSE DROP-OFF

ENTRANCE PLAZA GARDEN
RAMP DRIVEWAY

P.A. GARDEN

PROPOSED ARCH WALL
AT ENTRANCE AND
CLUBHOUSE COURTYARD
(TO SPECIALISTS)

西班牙风情特色廊架
钢筋混凝土廊柱
廊柱两端为铁艺装饰
木质横梁及图案

FEATURE SPANISH TYPE
TRELLIS RC COLUMNS
WITH STEEL CHULS OR
TWO ENDS AND WOODEN
TRELLIS BEAMS & STAY
TO SPECIALISTS

形象铭牌
COAT-OF-ARM
TABLET WITH
SPECIAL DETAIL

FEATURE SPANISH
BASKET TREE POT
WITH SPECIFIED SOIL
MIX (TO PLANTING)
西班牙风情篮状树池

特色跌水景墙
流至接水池
FEATURE WALL
WATER CASCADES
TO CATCHING POND
(TO SPECIALISTS)

会所连廊处
黑色喷漆钢格栅
STEEL GRILLS BLACK
COLOR PAINTED. AT
CLUBHOUSES PORCH
(TO SPECIALIST)

FEATURE SQUARE
WALL PAINTED
WHITE W/ BLACK
ROUND GRILL (TO
SPECIALIST)
白色喷漆景墙/标志墙
黑色圆形铁艺

ROW OF FEATURE
SIDE WALLS WITH
SPANISH MOTIFS
AT BOTH SIDES OF
THE FOYER PLAZA
位于前广场两侧
西班牙风情装饰边墙

FEATURE LIGHT
LANTERN IN VA-
RIOUS HEIGHTS
(TO SPECIALISTS)
按高低排列的
景观灯

会所主入口立面图

# SHANGHAI BAOHUA LITING VILLA
## 上海宝华栎庭别墅

项目地点：上海嘉定
设计时间：2010年
建成时间：2012年
项目面积：61 000平方米
设计单位：FI飞扬国际

这是受上海宝华集团委托的高档别墅区设计。项目位于上海嘉定南翔。整体项目由独幢别墅和独院别墅组成，小区主入口临近高速干道。设计着眼于解决场地问题，完善建筑规划。在主入口堆坡密植绿化，营造野趣森林空间，隔离外部干扰；小区内部以绿为主，掩藏建筑，在高密度条件下形成自然氛围；同时，嵌入精致的文化元素，打造低调而不失奢华的居住环境。项目建成后得到开发商和居民的高度认可，成为上海地区的经典别墅区之一。

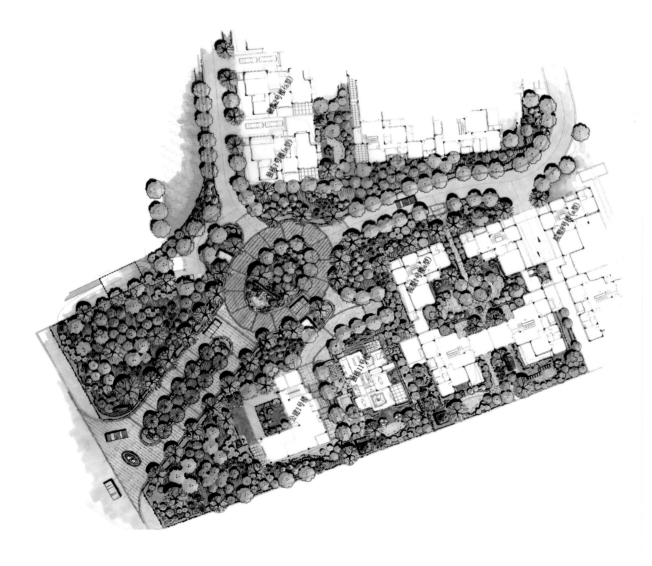

# ZHUOXING LONGLING HIGH-END RESIDENCE IN MIANYANG,SICHUAN

## 四川绵阳卓信龙岭高档居住区

项目地点：四川绵阳

设计时间：2009年

建成时间：2011年5月

用地面积：30 925平方米

景观风格：现代派（现代亚洲/新亚洲）

景观设计：普梵思洛（亚洲）景观规划设计事务所

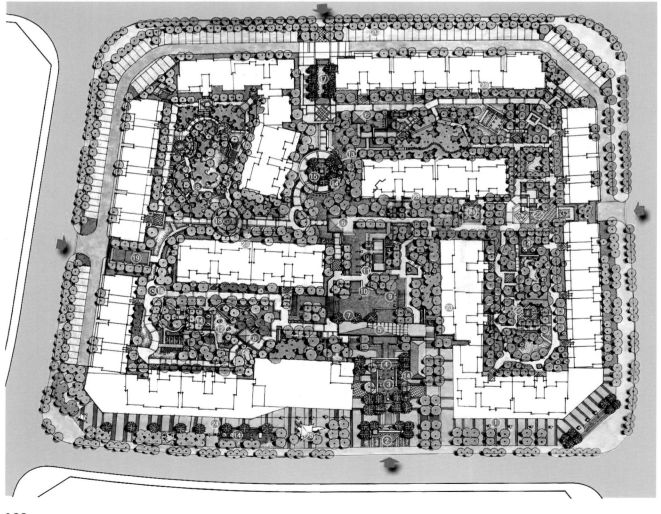

## 项目介绍

项目位于四川绵阳涪城区科创园园艺新城，毗邻80000平方米人工湖、西山公园，拥有开阔的视野、良好的空气质量和媲美国际一线人居的地理价值。政府着力打造的1600000平方米园艺新城东临西山、南接高新区、北依333333平方米原生林带，安静、优雅、生态的环境造就了区域的绝佳居住价值。项目总用地30925平方米，原规划定位为园艺新城第一个全小高层精品人居社区，地震后以675个日夜的精雕细琢，89套设计方案的智慧选择，建筑设计方案由小高层改为花园洋房，规划为8层及12层阔景电梯洋房。创新Town House、空中别墅、花园洋房成为园艺新城高尚社区的点睛之笔。整体景观内外相融、和谐相生，小区以南北向中轴景观为主线，在景观轴线中以"水"为灵魂，增加了灵动；中庭主景观大气优雅，溪流、水面、瀑布、泊岸、喷泉以及亭台楼阁、小品景观和大量的林木、花卉、草皮的运用，更显小区的高雅品质，首创立体绿地健康住宅，创新亚洲SPA主题园林，融合园艺新城的独特自然人文优势，兼顾典雅与时尚，缔造优雅从容的生活境界。小区内采用完全人车分流，拥有1600平方米的社区文化广场和5000平方米社区文化商业中心。

## 设计手法

为把新（现代）亚洲风格体现得更加到位和完美，景观设计综合考虑运用多种设计手法，具体如下：

1.主次与重点：出于功能和造价上的综合考虑，整体景观设计时讲求主次分明、重点突出的原则。从园林景观的整体结构看，主入口与主要节点地方，我们将重点进行打造；其他位置我们将以植物造景为主，使功能、造价尽量达到合理的平衡。

2.藏与露："藏是为了更好地露"。中国园林设计中不论规模大小，都极力避免开门见山，一览无余的景象，并总把最精彩的部分遮挡起来，而使其忽隐忽现，若有若无。许多园林进入园门后常常以照壁、假山为屏障阻隔视线，使人不能一眼看到全园的景色。还有，在许多园林建筑中大多会遮挡次要部分，这样虽不能一览无余，但景和意却异常深远。中心水景处植物遮挡后，景观若隐若现，给人以想一探究竟的感觉。

3.空间的对比：景观设计中，空间对比的手法运用很多。具有明显差异的两个毗邻空间安排在一起，借两者的对比作用而突出各自的空间特点。例如大、小两个空间相连，当由小空间进入大空间时，由于小空间的对比衬托，将会给人以大空间更大的幻觉。本案中，我们运用空间对比的景致处处可见。

4.渗透与层次："庭院深深，深几许"所描绘的是对庭院意境的感受。我们通过对空间的分割及联系关系的处理而形成这种意境，如入口处镂空的景墙内渗透出园区内部的景观，让人看到更深远的景观层次，令人神往。

5.空间序列及节奏：空间序列组织是关系到园区整体结构和布局的全局性问题。我们通过断的线（观赏路线）把孤立的点（景）连接成片，进而把若干线组织成完整的序列。另外，通过有节奏地控制重点区域的打造，使空间序列张弛有度，收放自如。

中心水景剖面图

# CHENGDU LONGFOR FLAMINGO
## 成都龙湖弗莱明戈

项目地点：四川成都
设计时间：2008年
建成时间：2011年
设计规模：133 400平方米
设计单位：笛东联合（北京）规划设计顾问有限公司
主设计师：袁松亭

### 项目介绍

项目位于成都市郫县新城片区，整个地块被中间一条市政路分为两块，基地地势较为平坦，周边规划有公园，是项目的附加资源。

项目建筑规划密度较高，总体景观设计紧扣"西班牙坡地小镇"概念，采用以小见大的手法，将庭院作为元素，彰显西班牙景观特色。挖掘西班牙文化，在场地主要的景观廊道上穿插带有浓厚西班牙风情的主题庭院，营造出尺度亲切、异域风情浓厚的场所空间。

# YUNHAI IMAGE HOUSING ESTATE LANDSCAPE DESIGN

## 日照原海·映像小区

项目地点：山东日照

项目规模：50 000平方米

设计时间：2010年

建成时间：2013年

设计单位：三境四合景观国际（SML）

### 设计风格

景观作为建筑的室外空间和精神的延续，在设计上沿袭了带有中式神韵的现代滨海风情庭院风格，以现代的手法演绎传统的精神。此项目主张以带有浓厚地域特色的传统文化为根基，同时融入西方文化。设计把中国元素植入现代建筑语系，将传统意境和现代风格对称地加以运用，用现代设计来隐喻的中国传统得以传承和发扬。

### 设计手法

本案将海洋的波纹和竹子交错的形态提炼，并以抽象化景观为主要符号，反复运用于廊架、景墙和铺砖等设计中，既打造了精美的景观细部，又强调了设计主题。设计结合自然，遵从可持续性和生态原则是我们考虑的重要因素，与此同时，加以合理的系统、宜人的空间、精致的细部。

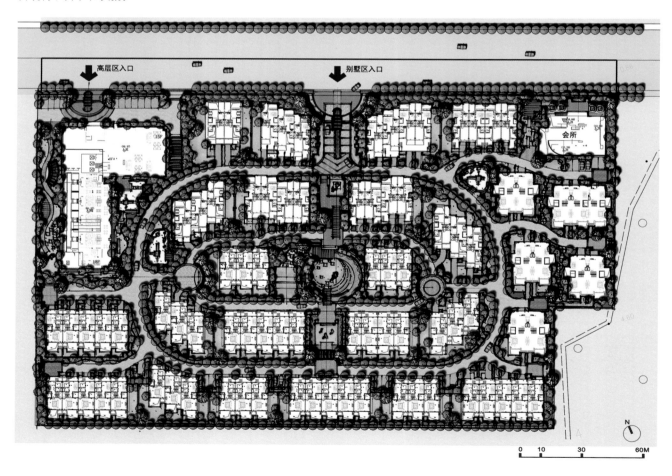

总平面图

# SHENZHEN TAIKOO GARDEN
# 深圳太古城花园

项目地点：广东深圳
设计时间：2008年
建成时间：2010年
项目面积：60 000平方米
设计单位：深圳市东大景观设计有限公司

### 设计理念

　　设计汲取了中式古典园林的造园精髓，通过现代造型手法和材料的重新演绎，在继承传统园林内在精、气、神的同时，突出现代潮流感及时尚感。我们于此努力营造高档、现代、新中式音乐自然山水园林式住宅，以现代设计手法及材料表达传统中式园林的形式与意境。

### 设计手法

　　新材料的运用——太古城通过对玻璃、方钢、不锈钢、花岗岩等现代建筑装饰材料在景观构筑物、铺装上的运用，利用传统的中国园林图案和形式的表达，诠释出全新的中式韵味。小区入口处的玻璃跌水假山，以通透的绿玻层层叠加，配合隐藏的灯光设备，表达出传统的中式假山景观。北区曲折的长廊，以整块的弧形玻璃定制替换了通常的砖瓦顶，并以现代的钢结构取代了传统的木梁结构。泳池雨廊及池边的屏风装饰将惯用的木质雕刻改为轻钢材料。架空层的装饰景墙也通过钢丝的相互编织，演绎出传统竹编织的装饰效果。铺装材料上则以黑、白、

灰渐变色的花岗岩代替传统的灰砖、青石。园建小品的不锈钢围边，则用简洁的形态重新勾勒出古典家具的复杂线脚。

　　新颖景观元素造型——对中式传统图案的再次设计加工，成为太古城的另一亮点。运用在架空层门框上的中式窗花图案，在大尺度的冰裂窗格中利用钢丝进行不同方向的填充，形成虚实对比，丰富了原有图案变化。地面铺装的碎拼图案，则通过演绎变形及对花岗岩毛面拉丝的材料处理，形成不同的图案纹理，演绎出梅花三弄、玉楼春晓、阳春白雪等中式意境。

　　新主题的运用——音乐是太古城花园的中心主题，因此设计在小区景点的命名上，也分别以中国传统乐曲命名。北区高山流水、柳浪闻莺、秋水龙吟、玉楼春晓、阳春白雪、曲水流觞、梅花三弄、平沙落雁和双凤朝阳的九大景点及南区碧涧流泉、渔舟唱晚、平湖秋月、阳关三叠、寒鸦戏水、幽兰逢春、三潭印月、渔樵问答的八处景致，各述其境、缓急不一，并通过"水"这一统一元素将各景点一一串联，形成包含序曲、开幕、过渡、高潮、小高潮、尾音的一幕大型中式园曲。中国乐典韵律之美与中式传统园林之美和谐交融于太古城的景观艺术设计之中。

鸟瞰图

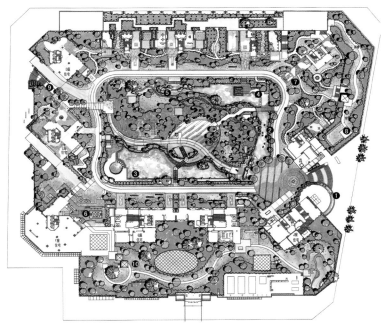

总平面图

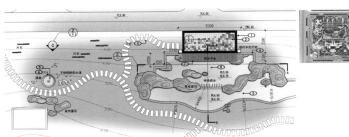

阳春白雪平面图

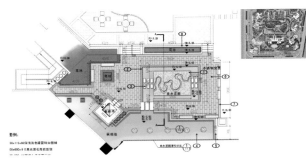

曲水流觞休闲广场平面图

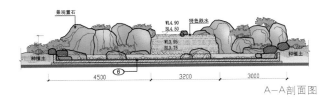

A—A剖面图

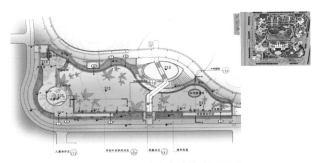

秋水龙吟泳池平面图

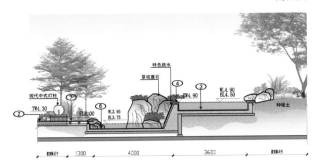

B—B剖面图

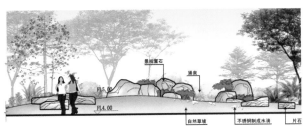

C—C立面图

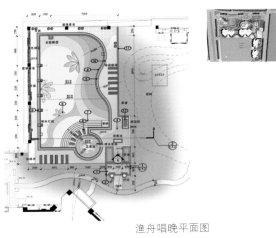

渔舟唱晚平面图

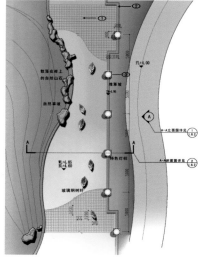

柳浪闻莺平面图

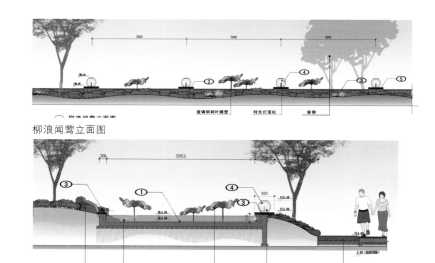

柳浪闻莺立面图

柳浪闻莺剖面图

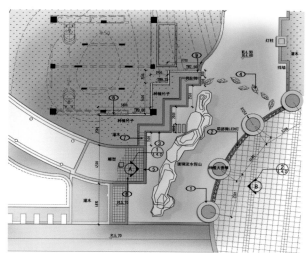

主入口玻璃流水假山平面图

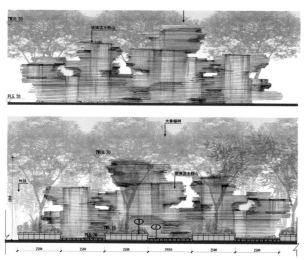

主入口玻璃流水假山剖面图

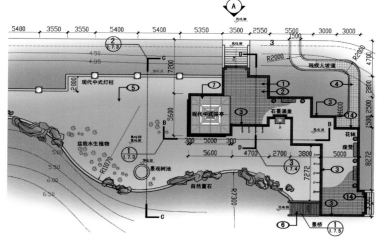

玉楼春晓平面图

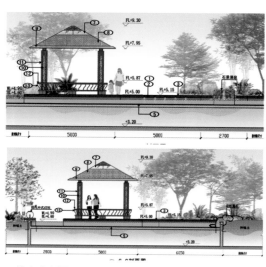

玉楼春晓剖面图

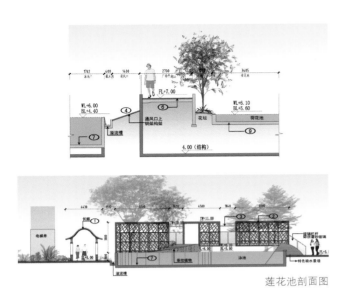

莲花池剖面图

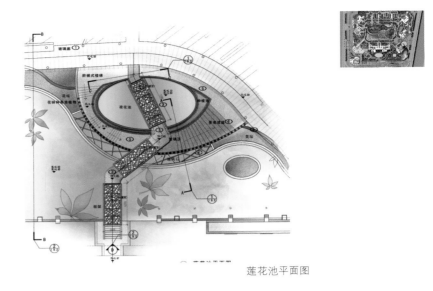

莲花池平面图

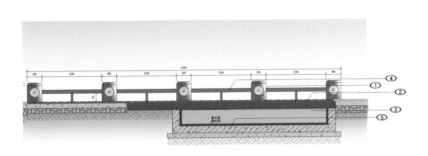

景桥剖面图

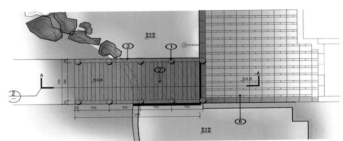

景桥平面图

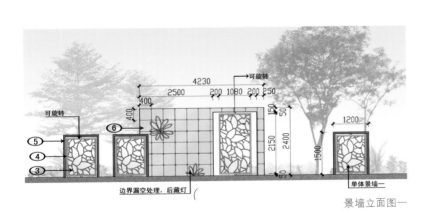

景墙立面图一

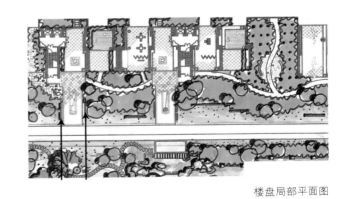

楼盘局部平面图

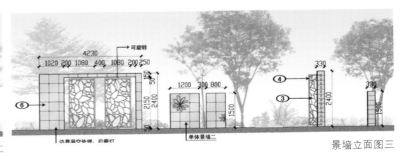

景墙立面图二

景墙立面图三

# BEIJING WANTONG TIANZHU LEGACY TOWN

# 北京万通天竺新新家园

项目地点：北京

设计时间：2008年

建成时间：2010年

占地面积：249 828平方米

设计单位：奥雅设计集团

## 设计理念

社区疏朗的景观肌理，加上建筑的浅米黄色石材和红瓦营造出的极富特色的托斯卡纳风格，吸引了那束穿透心扉的阳光。

## 设计说明

社区整体分三部分：高层区湖景、一区绿溪、二区花园。

高层区湖景：

位于社区入口的湖景，雍容地表达了社区的热情与亲和，配以西班牙式的建筑语言和舒展开朗的景观形式，呈现出住户精致优雅的生活情趣。

一区绿溪：

溪流环抱村落的景观处理模式，体现出住户恬淡自然的生活方式，迎合现代人追求宁静的心理状态，喧嚣中由溪流开辟出淡淡的休闲景致，让人沉迷，让人宁静而致远。由植物和自然溪流围合的私家庭院，形式质朴、景观卓越，沉稳内敛的社区风格随汩汩溪流不胫而走。

二区花园：

二区南院着重打造纯正的西班牙乡村居住氛围，倡导高品质的生活体验空间，凸显院落生活情调，封闭的南院和开敞的北院的对比，被确定为最终的设计实施方向。

北院将狭小的院落景观资源优势最大化，花园分享、景观分享，让业主的北花园成为令人满足和羡慕的景观。北院是半私密的花园，南花园则结合高差变化，配合绿化实现软性封闭，院内结合地库柱梁配植乔、灌木，较有效地阻碍垂直视觉干扰，形成独享的私密庭院，成为生活的小天地。公共景观巷道着力渲染托斯卡纳小镇风情，利用拱门形式提高单元的可识别性和导向性，为社区居民提供休闲、散步的风情巷道景观。

环绕二区的边沿绿化中，设置了一些景观功能场所，例如儿童活动区、休闲草坪、健身器械区域等，满足了一定的公共活动使用功能。整个二区框架清晰、单元明确、景观布局合理，归属性、识别性均好，加上风情植物的配合，成就了舒适惬意的生活院落。

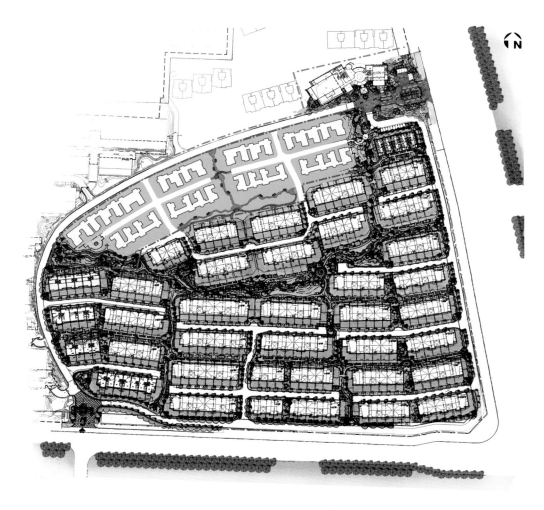

总平面图

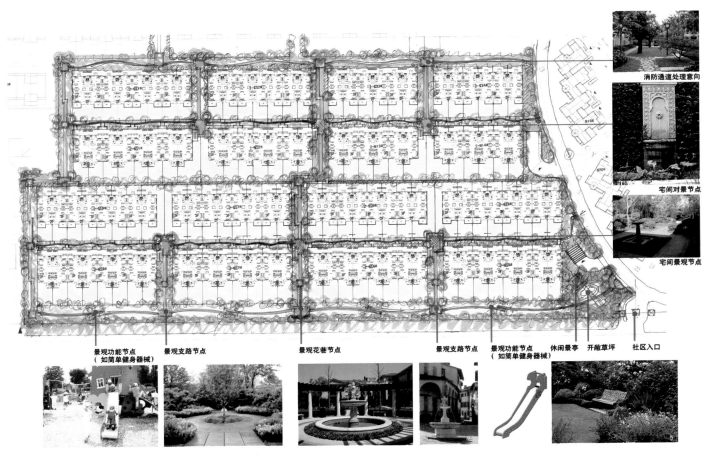

景观功能节点　　　景观支路节点　　　　　景观花巷节点　　　　景观支路节点　景观功能节点　休闲景亭　开敞草坪　社区入口
（如简单健身器械）　　　　　　　　　　　　　　　　　　　　　　　　　　（如简单健身器械）

项目平面图

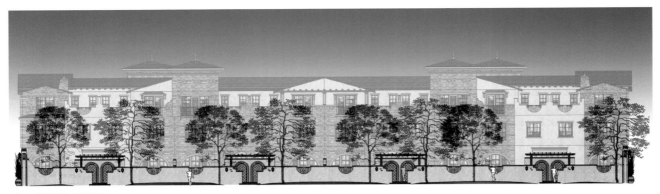

南入户围墙立面图

北入户围墙立面图

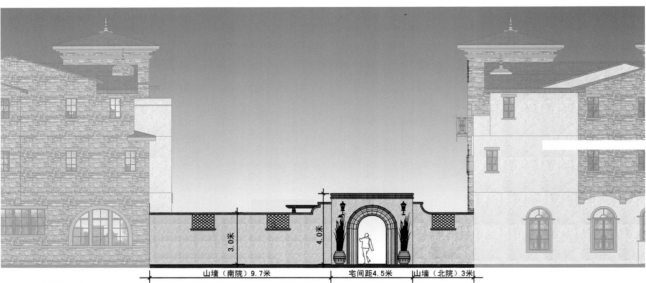

山墙围墙立面图

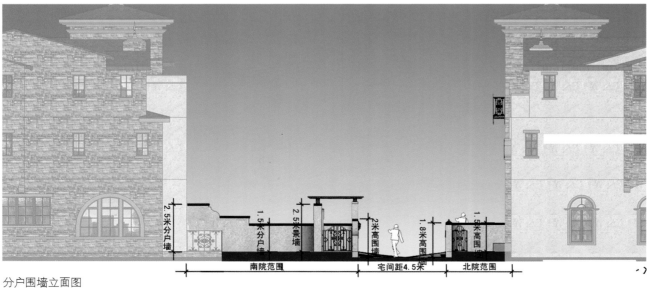

分户围墙立面图

218

围墙效果图一

围墙效果图二

# YOUNGOR VILLA
# 雅戈尔璞墅

项目地点：江苏苏州
建成时间：2011年（样板区完工）
项目面积：163 800平方米
设计单位：SCI景观设计

　　项目的设计主题为：盖娅之城——最理想的生活环境。盖娅在希腊文中意为大地，同时在希腊神话中，盖娅为大地女神。现有的盖娅论中，主张地球如同一个生物体，由一系列的生态系统相互作用而成。基于对盖娅论的一些理解，我们在此设计中引用"生物体与环境共同作用的"理论作为设计理念。不论是富有装饰艺术风格的高层区，新古典主义风格的小高层区，还是西班牙风格的别墅区，都在此设计理念的基础上通过自然的设计元素连接起来。对不同区域边缘的自然处理，及在不同区域内引入的自然元素使"盖娅论"在整个开发中得到充分的体现。

　　在遵循建筑风格的基础上，各种独特的风格都被我们赋予了此次景观设计。

　　西班牙风格：阳光活力、色彩明快、水岸气息浓厚、层级分明、高低错落，体现建筑与水及人的完美和谐。

　　新古典风格：高雅而和谐，将怀古的浪漫情怀与现代生活需求相结合，兼容华贵典雅与时尚现代的生活方式。

　　ART-DECO风格：装饰艺术豪华但精简，流畅而锐利的线条、优美的几何造型、简洁的色系，干净统一。

# ZHONGHAI INTERNATIONAL COMMUNTY THE VILLA UTOPIA
## 中海国际社区"央墅"

项目地点：四川成都
建成时间：2009年
用地面积：140 000平方米
设计单位：SCI景观设计

本项目以水为载体，再现了一个自然景色中奢华欧式生活缩影。设计灵感源于法国南部城市阿维农，阿维农位于法国南部，隆河左岸。Avegnon原意为河边之城，突出于周围的平原低谷之上，藏身于茂密的树林之中。中世纪时就曾有教皇居住于此，在其完美的自然生活上又增添一份皇家的奢华气息。

设计主要围绕水体展开，社区中心的开阔湖泊，加上樱花大道横贯东西，再现了阿维农河边之城的特点，同时中央景观下沉，表现出城市居高临下的气势。跌水从不同方向跌至中心水景，开阔处气势磅礴，狭窄处玲珑可爱，水从脚下流过，别有一番趣味。石桥、凉亭、景观平台与水中倒影相映，人在其中，尽享美丽景色。

在整体景观构成上，中心水体向四个组团延伸，它们或独立成景，或配合成景，或借景，或对景，形成了独特的风景线。中心水体位于较为开阔的空间，人们可以在这里享受欢快活泼的生活气息。景观慢慢向四个组团发散，形成相对较为幽静的半开放空间，为人们创造出宁静的交流空间。景观构筑物和小品的设计则与小区欧式建筑风格相协调，营造一幅具有欧式风格的生活风景。

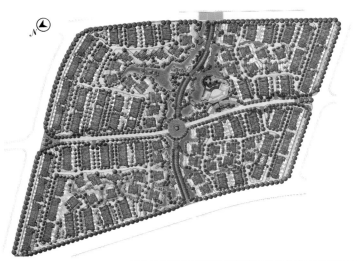

# WUXI ZOBON CITY GARDEN
## 无锡中邦城市花园

项目地点：江苏无锡

设计时间：2008年

建成时间：2009年

占地面积：186 600平方米

设计单位：奥雅设计集团

    用流畅的"线"贯穿静止的"点"和舒适的"面"是该项目景观设计理念的精髓。设计中，我们追求自然有机的景观设计风格，营造绿色时尚的花园城市。将"自然有机"的景观设计理念和"文化中邦"概念完美结合。而"花园城市"是现代时尚的生活方式与自然生态的生活环境的融合。我们对花园城市的定义是"绿色生态的居住环境、开阔优美的景观空间、安定平和的人生态度、健康时尚的生活方式"。

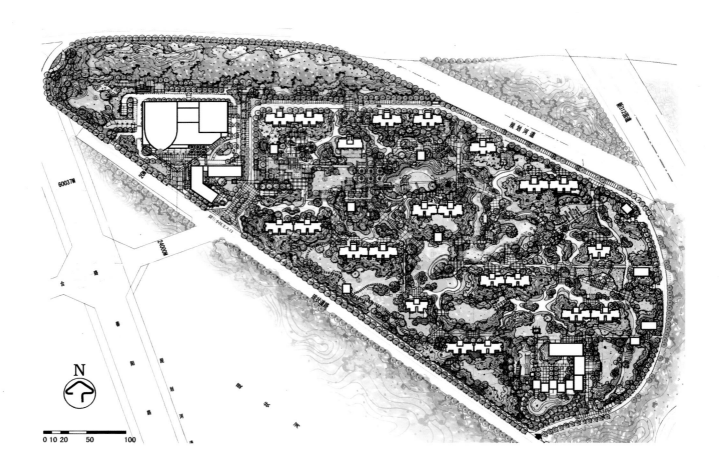

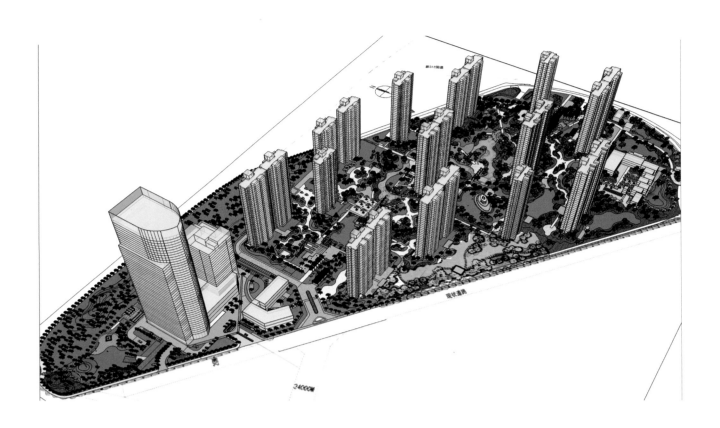

鸟瞰图

# CHONGQING TWENTY-FOUR CITY

## 重庆二十四城

项目地点：重庆
设计时间：2009年12月
建成时间：2012年
占地面积：700 866.7平方米
景观风格：现代派（现代简欧）
景观设计：普梵思洛（亚洲）景观规划设计事务所

### 设计说明

重庆二十四城位于重庆市九龙坡区谢家湾，原建设厂厂址。项目总占地700866平方米，是一个拥有6万居住人口，集万象购物中心、国际酒店、顶级写字楼、滨江高尚住宅群于一体的城市中心大型居住区。项目交通极其便利，将成为未来重庆市"十"字主动脉交通的交叉点。项目自然资源丰富，拥有超过1000米的长江水岸线，紧靠长江重庆段最宽的水域。

依托世界级住区的规划，重庆二十四城将填补区域内缺乏超大规模高品质住区的空白。在历史文化传承和保护方面，重庆二十四城通过对地块内现有的人文、自然元素的归纳和整理，以现代技术和理念进行创新改造，通过保留、移植、叠加、重构、演绎五种方式，延续传统的城市风貌，使项目与周边的城市肌理和谐而又富有新意地共存，如在对部分烟囱、防空洞等构件进行创新利用的同时，通过重构和演绎的方式实现历史文脉的传承。

一期占地面积为86666平方米，由11栋滨江高层住宅围合而成，总建筑面积约43万平方米，总户数3400户左右，由于紧靠长江重庆段最宽的水域，一期拥有最好的江景资源和36000平方米的超大中庭，景观优势相当明显。项目设计采用ART DECO的设计手法，结合机械美学，运用鲨鱼纹、斑马纹、曲折锯齿图形、阶梯图形、粗体与弯曲的曲线、放射状图样等等来装饰，形成这个设计的特色。商业区通过长条形的商业道路，解决竖向高差，使整个商业区串联起来，在节点地方出现平台形式的商业广场，有装饰艺术的特色铺装和一些情景雕塑，丰富了商业的氛围，增加了场所的精神渲染。主入口与商业街连为一体，宽敞的入口，多彩的商业广场、大气的ART DECO形式保安亭，再结合一些城市构成艺术雕塑，形成别具一格的风味。主轴以生态树阵为主，过程中出现不同的节点形式，且轴线与住宅之间的空间相连，互相渗透，让人在行走的过程中感受不一样的情趣。精心打造的无边界泳池无疑是项目的一大特色，大人、小孩可尽享天伦之乐。景亭以庭院的形式出现，远眺、座谈、休闲等集于一体，使人感受到酒店式公寓的待遇。架空层以泛会所的空间形式串联起来，使人不管刮风下雨，都可以在其间进行各类休闲娱乐活动。

# FUZHOU RUN-CITY TOP GRADE RESIDENTIAL COMMUNITY

# 福州润城高档居住区

项目地点：福建福州

用地面积：22 778平方米

建成时间：2011年

设计单位：普梵思洛（亚洲）景观规划设计事务所

## 项目介绍

润城是正荣集团在福州的第一个市中心高品质楼盘，是在福州市中心倾力钜献的号召力之作。项目用地面积为22778平方米，位于福州西二环南路东侧，拥有将来福州最大的20000平方米城市广场，它将会是福州市规划起点和中心档次最高、配套最全的项目；建成后将拥有市图书馆、省科技馆、广电中心。项目雄踞四心之心：于CBD商务中心，推动福州城市的都市化进程；于万宝商圈中心，享受繁华都市的多重礼遇，领略时尚与流行风华；于闽江沿岸景观中心，汇聚滨江生活形态，独享闽江都市风情；于二环路交通枢纽中心，感受榕城走廊性主干道的多维交通。项目聚焦城市政经双核价值，尽享城市24小时国际都会生活。

## 设计理念

项目建设将以其优美的空间环境、生态环境为居住空间的和谐因子，并以高雅、庄重的新古典主义建筑传承经典。建筑主要采用Art-Deco的新古典设计风格，这种风格令建筑显得高耸挺拔，具有很强的观赏性。塔楼与板房相结合的设计，让建筑在外观上更加多样化。本项目景观设计理念以"泰式酒店景观品质的呈现，回家就是度假生活的开始"为主题打造纯泰式风情园林，空间启转开合，以小见大，糅合经典Art Deco建筑风格，创造适合

人居尺度的第三空间。

## 设计手法

润城是目前福州首个全地形"纯泰式"景观项目，延伸"泰式酒店景观品质的呈现，回家就是度假生活的开始"的理念，形成"低层有园，高层瞰景"的氛围。泰式的廊架、热带的植被、水中风情景观，展现纯正泰式风范，尽显中心居住区优越品位。项目以开合转折的设计手法，营造出移步异景的庭院景观，把泰式景观的韵味渗透在楼宇之间。风情感十足的景观构筑亭廊，穿梭于精致的水晶空间，加上精心挑选的泰式雕塑、花钵、小品，营造出品质感十足的园林空间，小区的高端形象尽收眼底，将最精彩的景观空间展示在人们面前。同时，我们以悉心营造的植栽空间软化建筑的生硬，打造一片绿色空间，将活动功能置于其中。以软景打造亲切、舒适、生态的实用空间，既是对建筑的补充，也是高档社区所具有的人文关怀之所在。

## 体现元素：空间、风情构筑物、雕塑小品、植物、材料及色彩

1. 空间的营造：泰式风情园林在空间上讲究围合，层次丰富而紧凑，形成不同尺度的院落。

2. 形式的选择：构筑物形态特征鲜明，具有明显的泰式文化符号，同时又要避免宗教气息过浓。

3. 色彩的搭配：硬景色彩自然暗沉，多选用粗糙自然的材料；软景色彩艳丽浓郁。

4. 软景的配置：强调植物搭配的多样性，层次丰富，形态优美，空间围合感强，色彩动人。

5. 文化的符号：泰式园林以精致及瑰丽的风格著称，我们希望通过在细部以及小品上的特殊设计加强项目纯粹泰式风格的营造。

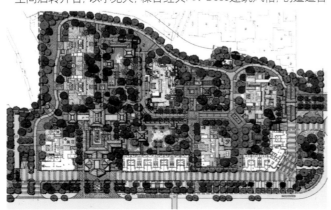

# TIAN'AN MAHATAN IN WUXI
# 无锡天安曼哈顿

项目地点：无锡市湖滨路
设计时间：2005年
建成时间：2010年
景观面积：59 940平方米
设计单位：杭州安道建筑规划设计咨询有限公司
主设计师：夏芬芬

项目定位为无锡顶级社区，具有明确的目标人群。设计师将艺术性、功能性结合业主提出的要求和对项目未来的构想，把"果岭"作为设计的线索。所谓果岭(putting green)，是高尔夫球运动中的一个术语，指球洞所在的草坪。果岭的草短而平滑，有助于推球。而果岭二字即为英文green音译而来。

设计师从高尔夫所代表的亲近自然、平静安详的生活状态出发，以精致细腻的设计手法打造这款典雅的高品质居住社区。通过流畅的曲线、大面积的缓坡草坪、通畅简洁的空间、散置的构筑物、水墨画般的水中倒影，打造出具有英伦浪漫式花园的禅意空间。

在无锡天安曼哈顿，很容易发现江南一带精致而不乏实用设计感的高品质楼盘的共性：以一种人工"自然"的形态植入建筑的场所之中，将通常公共意义上的"公园"概念纳入社区，并形成"家"的私有属性。这一理念与延续千年的中国造园思想非常接近，但是在设计手法上又不乏推陈出新之处。

在本项目中，曲线成为组织景观元素的手段，曲线所具有的舒缓与柔软恰如其分地表达出项目所具有的优雅感觉，同时也以雍容洒脱的姿态，流畅地将草地、树木、湖泊、溪流、跌水和沙地等元素串联起来，形成了层次丰富、虚实相构的空间关系和自然生态的景观系统。

整个社区围绕中心区域的水系展开，水引导人们进入这个高雅的空间，绕过主入口的树阵，登上台阶，这里是水的庭院。花树、木平台、蔚蓝的水波、一杯咖啡、一本书、暖暖的阳光，就是一个下午，紧接着是一条长廊、一份延伸、一个探入湖中的亭子，水在这里与果岭共同演绎出一曲和谐的乐章。

社区入口的设计简洁而不失优雅，出于场地本身的限制，南北开口范围有限。设计师以一种中轴对称的布局方式加以回应，并结合管理岗亭的巧妙布置，形成了一个相对内敛的入口空间，改善东西过于直露的缺陷。

会所南面景观以水域、平台、树阵、廊架等元素为主题，相互配合形成静谧而大气的空间。树木植被的四季变化与镜面水景的交相呼应，为社区提供了情景化的室外休憩氛围。

社区内部的景观设计，利用4米的地势高差制造跌水景观。水池表面放置露天休憩平台，周边以常绿乔木做背景，配以悠然蜿蜒的草坪小径，使得人们在行走散步之时可以观赏到从高处跌落的水景，进而体会出栖居的诗意情愫。

精致的铁艺大门，无疑为整个社区印象增添了艺术与时尚的氛围：阳光从枝头洒落，铁门图案与树木的斑驳投影，为归家的主人释放着悠然的心情。这里，自然、公园、家三个元素形成紧致而相互依存的组合关系。社区的静谧远隔了城市的喧嚣，塑造了一处能让心灵安静下来的城市栖所。而这恰是安道在实践中不断追求"城市桃源"的又一例证。

总平面图

手绘效果图

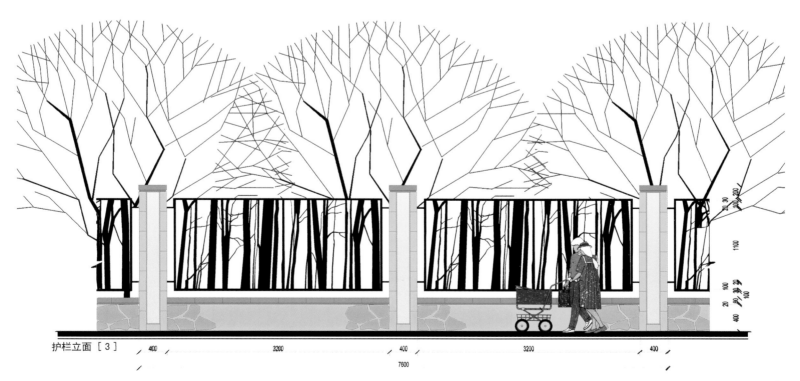

护栏立面［3］

护栏方案立面示意图

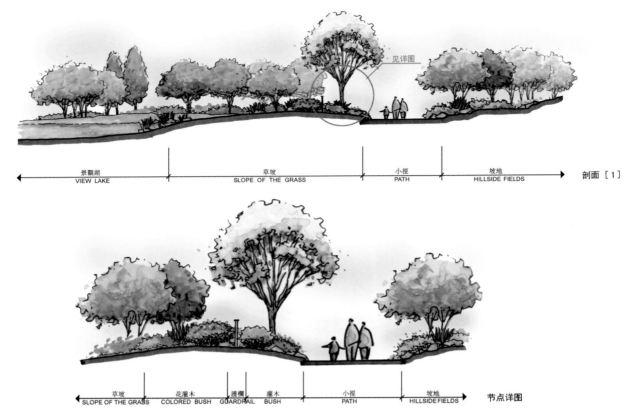

景觀湖　　　　　　　草坡　　　　　　　小徑　　　坡地
VIEW LAKE　　SLOPE OF THE GRASS　　PATH　　HILLSIDE FIELDS　　剖面［1］

見詳圖

草坡　　　　　　花灌木　　護欄　灌木　　　　小徑　　　　坡地
SLOPE OF THE GRASS　COLORED BUSH　GUARDRAIL　BUSH　　PATH　　HILLSIDE FIELDS　　节点详图

剖面图一

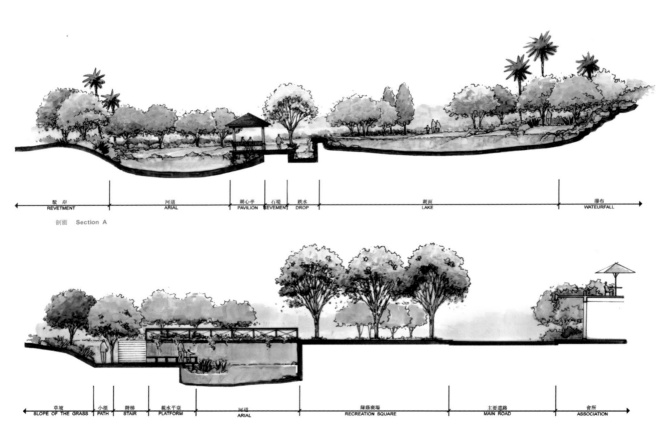

駁岸　　　　河道　　　　湖心亭　石堤　跌水　　　　湖面　　　　　瀑布
REVETMENT　　ARIAL　　PAVILION　REVEMENT　DROP　　LAKE　　WATEURFALL

剖面　Section A

草坡　　小徑　踏梯　親水平台　　河道　　　　綠茵廣場　　　主要道路　　會所
SLOPE OF THE GRASS　PATH　STAIR　PLATFORM　　ARIAL　　RECREATION SQUARE　　MAIN ROAD　　ASSOCIATION

剖面图二

# SHENZHEN ORCHIO BAY
# 深圳中信岸芷汀兰

项目地点：广东深圳
设计时间：2009年
建成时间：2010年
项目面积：1 170平方米
设计单位：奥雅设计集团

本项目位于深圳南山区科技园南滨海大道与科技南路交会处。该项目东北及背面均为区域市政路和居住区，道路与居住区之间有生长良好的乔木林带，不利因素相对较少；南面毗邻滨海大道，巨大的车流噪声对地块造成较大的不利影响。

如何为嘈杂大道边的小型楼盘提供一个令人过目不忘、流连忘返的景观是该设计的最大挑战。该项目设计的总体思路是向中国传统园林的创造方法学习，即：

1．通过缩小入口空间的尺度，增大主体景观的空间感。

2．沿滨海大道一面建了一道高大的隔音墙，并用一个仿"万里江山长卷"式的立体山水把这个隔音墙隐藏起来。

3．庭院植物设计参考了东南亚当代景观中简洁庭院园林的设计语言，经过七轮推敲，最后形成了这个主题明确、景观方案功能齐全、手法简洁的精品花园。

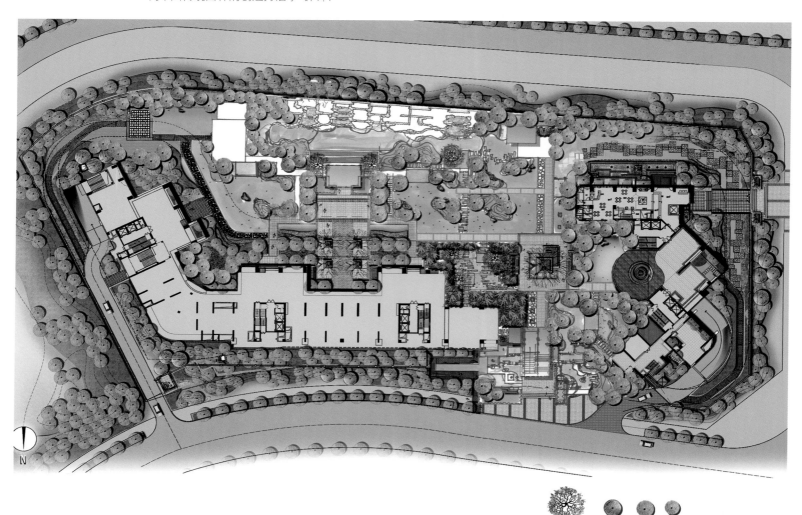

# WUXI MEIXIN ROSE AVENUE
## 无锡美新玫瑰大道

项目地点：江苏无锡

设计时间：一期　2007—2008年

　　　　　二期　2009—2011年

　　　　　三期　2012—现在

用地面积：187 900平方米

建筑面积：340 900 平方米

建筑占地面积：26 000 平方米

设计单位：TOA诺风景观

从江苏省无锡市乘高铁到上海仅有45分钟左右，车行2小时左右。如今，各个城市都在开发新区，无锡也不例外，政府着力把老城区东侧土地开发作为无锡新区，吸引企业投资。该住宅区处于无锡新区的中心位置，西侧是新区中央公园，有20多万平方米的土地，由香港籍开发商获得使用权而开发。

用地内20万平方米的土地上配备会所1栋、幼儿园1栋、中高层楼31栋、联排别墅25栋，建筑面积约34万平方米。大型住宅小区的好处在于舒适的住宅布局，确保中央有长150米、宽50米的绿化带。这个绿化带作为中央公园，创造了水和绿色的户外空间，配置了各种功能的大大小小的岛，岛由桥梁连接，形成整体景观设计。

住宅建筑在中国大量开发，英国田园风（别墅）及装饰艺术的景观设计和景观风格持续发展，我们需要开发以自然为主题的公园型住宅景观，增加高品质的装饰艺术，满足开发商的要求。

开发分为三期来进行，截至目前，二期工程一半竣工。现阶段二期工程在施工，三期在设计阶段。竣工部分有联排别墅及部分高层住宅，今后，三期大规模的绿化完成后，将实现水和绿色的公园型住宅理念，成为相邻住宅区的居民可利用的社区花园。

# UNION LIANHE GELI IN HANGZHOU
# 杭州联合格里

项目地点：浙江 杭州丁桥勤丰路

设计年份：2009年

建成时间：2011年

项目规模：34 300平方米

设计单位：杭州安道建筑规划设计咨询有限公司

主设计师：徐扬、童亮、王灵锋

### 设计理念

联合格里坐落在杭州的CLD中央生活区，是仅距离武林广场10公里的丁桥板块。该地块南面有水，与大农港隔路相望，河道两侧15米绿化带上绿柳白芦，不时有拱桥和凉亭点缀其间；北面从延绵的皋亭山作为自然背景，清新如画。在这样一个依山傍水的环境中，我们将为追求时尚、开拓未来的新杭州人打造一个"简约主义"的有机光和社区。

设计师秉承"光和规划、有机生活"的设计理念，运用"简于形，精于心"的设计手法来突出"简约主义"的风格定位。"一花一世界，一木一菩提"，在联合格里，我们没有界限，只有平等。"精于心"，说的是内部的精致；而"简于形"，是指外部的形态简洁明快。

选择一个住区就是选择一种生活方式，住区环境就是对这种生活方式最直接的诠释。联合格里是一个专门为都会时尚青年打造的特色生活区，社区围绕居住归属感与时尚生活玩味两大核心进行主题生活营造，力求体现出精致而又充满温情的高尚活力。优秀的景观设计应与建筑融为一体，从整体到材料要与母体的选择进行呼应。同时，环境也要与居者的生活方式与审美趣味产生共鸣，由此形成整体的独特风格。联合格里以网络化的空间设计手法表达高尚、前卫的整体风格，其立面设计轻快活跃，以时尚浅灰色为主基调，在现代、绚丽与精致、内敛间营造出完美的平衡，展现开放包容的时代内涵，使建筑在城市之中跃然而出，形成中央居住区的视觉归属。